oekom

ClimatePartner°
klimaneutral
Verlag | ID: 128-50040-1010-1082

Selbstverpflichtung zum nachhaltigen Publizieren

Nicht nur publizistisch, sondern auch als Unternehmen setzt sich der oekom verlag konsequent für Nachhaltigkeit ein. Bei Ausstattung und Produktion der Publikationen orientieren wir uns an höchsten ökologischen Kriterien. Dieses Buch wurde auf 100 Prozent Recyclingpapier, zertifiziert mit dem FSC®-Siegel und dem Blauen Engel (RAL-UZ 14), gedruckt. Alle durch diese Publikation verursachten CO_2-Emissionen werden durch Investitionen in ein Gold-Standard-Projekt kompensiert. Die Mehrkosten hierfür trägt der Verlag. Mehr Informationen finden Sie unter: http://www.oekom.de/allgemeine-verlagsinformationen/nachhaltiger-verlag.html

Bibliografische Information der Deutschen Nationalbibliothek:
Die Deutsche Nationalbibliothek verzeichnet diese Publikation in der Deutschen Nationalbibliografie; detaillierte bibliografische Daten sind im Internet über http://dnb.d-nb.de abrufbar.

Gesellschaft für ökologische Kommunikation mbH
Waltherstraße 29, 80337 München

Illustrationen: Rita Mühlbauer

Lektorat: Annika Christof, oekom verlag
Korrektorat: Petra Kienle
Satz: Ines Swoboda, oekom verlag

Druck: Friedrich Pustet GmbH & Co. KG,
Regensburg

MIX
Papier aus verantwortungsvollen Quellen
FSC® C014889
FSC
www.fsc.org

978-3-96006-028-4

EWALD WEBER

Die Pflanze, die gern Purzelbäume schlägt

… und andere Geschichten von Seidelbast, Walnuss & Co.

Mit Illustrationen von
Rita Mühlbauer

Für Herta

IM HOCHGEBIRGE

Vorwort

Während meiner Studienzeit kam ich in den Genuss zahlreicher botanischer Exkursionen in die nähere Umgebung von Basel, in die Alpen und ans Mittelmeer. Sie waren dank eines enthusiastischen Botanikprofessors stets faszinierend und erlebnisreich. Dennoch ging es immer darum, welche Pflanzenarten im Gebiet vorkommen und aufgrund welcher Merkmale man sie erkennt. Die Funde zählten und der Erfolg des Tages maß sich an der Länge der zusammengestellten Artenliste. Doch Namen und Artenkenntnis sind nicht alles, die Naturgeschichte der einzelnen Pflanzenarten ist noch weitaus spannender. Warum wächst diese Pflanzenart hier und nicht woanders und warum sind bei jener Pflanze die Blüten so merkwürdig gestaltet? Jede Pflanze, überhaupt jede Art von Lebewesen, erzählt ihre ganz eigene Geschichte. Gestalt und Funktion einer jeden Art sind schließlich das Ergebnis des anhaltenden Prozesses der Evolution, der Anpassung an einen bestimmten Lebensraum und die Ausbreitung in der Vergangenheit. Die Gestalt eines Blatts oder einer Blüte verrät viel über die Lebensweise einer Pflanze – wo sie wächst und wer ihre Blüten besucht.

Nicht nur die Naturgeschichte ist spannend, sondern auch die Verzahnung mit unserer eigenen Geschichte. Welche Bedeutung hat eine bestimmte Art für uns Menschen? Wie beeinflusst sie unser Handeln und wie wiederum beeinflussen wir die Art? Um eine Pflanze richtig zu verstehen, braucht es auch einen Blick über die Schulter von Wissenschaftlern. Was haben Biologen in aufwendigen Forschungsprojekten über eine bestimmte Art alles herausgefunden? Ein Eintauchen in die Fachliteratur kann manchmal genauso spannend sein wie das Besuchen einer der Arten draußen in der Natur. Nicht selten tun sich Zusammenhänge auf, die sich beim Anblick eines Gewächses kaum erraten lassen.

Deutschland ist landschaftlich abwechslungsreich, wir haben eine Küste und ein kleines Stück der Alpen, dazwischen Fichtenwälder, Laubwälder, Kiefernwälder, Moore, Seen, Trockenrasen, Feuchtwiesen und felsige Abhänge. In jedem Lebensraum wachsen bestimmte Pflanzen, sodass wir insgesamt eine Flora von rund 3.000 wildwachsenden Pflanzenarten haben. Im Folgenden möchte ich Ihnen einige besondere Persönlichkeiten unserer reichhaltigen Flora vorstellen und ihre Geschichten erzählen. Ich lade Sie zu einer Reise quer durch Deutschland ein, vom Meeresgrund in der Ostsee bis zu den Bergspitzen der Bayerischen Alpen. Wir werden 25 Pflanzenarten, die sich durch die eine oder andere Besonderheit auszeichnen, ein bisschen näher kennenlernen. Darunter befinden sich wenig bekannte Arten, Pflanzen, die man kaum zu Gesicht bekommt, weil sie selten sind oder ein verstecktes Leben führen. Aber auch ganz und gar gewöhnliche Pflanzen, die wir bestens kennen und denen wir beinahe jeden Tag begegnen. So manche unter ihnen wartet mit unerwarteten Eigenschaften auf.

Eine Auswahl von 25 aus 3.000 Arten ist klein und kann nur willkürlich sein. Ich hätte genauso gut andere Arten auswählen können. Die vorgestellten Arten sollen aber stellvertretend für viele weitere stehen und zum Nachdenken, Mitdenken und vor allem zum Beobachten in der freien Natur anregen. Wer sich die

Zeit nimmt, wird viel entdecken und dabei ganz rasch die Zeit vergessen. Naturbeobachtung ist für die ganze Familie Erholung pur! Loki Schmidt sagte einmal: »Es gibt einfach so viele verschiedene Blütenformen, die man auf jeder Wiese stundenlang entdecken und vergleichen kann.«

Für Auskünfte zu manchen Pflanzen danke ich mehreren Botanikern und Naturschützern, unter ihnen Gerd Böhm, Erhard Bolender, Rainer Borcherding, Wolfgang Fischer, Thilo Heinken, Maike Isermann, Volker Kummer, Philipp Schubert und Martin Wiesmeier.

Rita Mühlbauer hat meine kleine Pflanzenauswahl liebevoll porträtiert. Durch ihre Zeichnungen werden die Pflanzen zum Leben erweckt. Mein Dank gilt auch Annika Christof, die das Projekt redaktionell betreut hat, dem Verleger des oekom Verlags Jacob Radloff sowie Clemens Herrmann, der von Anfang an von der Idee begeistert war. Schließlich danke ich allen, die das Projekt finanziell unterstützt haben.

Potsdam, im Oktober 2017
Ewald Weber

AM MEER

Das Kraut, das untertauchte

Gewöhnliches Seegras
(Zostera marina)

Holnis, im August. Unsere Begegnung mit außergewöhnlichen Pflanzen beginnt mit einem Spaziergang am Strand der Flensburger Förde. Die Ostsee ist hier sehr flach und zahm, nicht zu vergleichen mit der Nordsee. Vom schmalen Landzipfel nördlich des kleinen Orts Holnis können wir nach Dänemark hinüberblicken. Unsere Aufmerksamkeit gilt aber dem Spülsaum, dem Material, das der Wellenschlag an den Strand spült. Dicke Kissen aus braunen Bändern liegen hier »unordentlich« herum; bei genauerem Hinsehen entpuppen sie sich als lange und schmale Blätter, die an einem Stück Stängel sitzen. Und oft genug zeigen sich hier auch frische und grüne Pflanzen, losgerissen und angeschwemmt. Das sind keine Algen wie der ebenfalls allgegenwärtige Tang, sondern Blütenpflanzen. Die grasgrünen Blätter sind durchscheinend, wenn wir sie gegen das Licht halten, glänzen stark und sind von fester Beschaffenheit. Da draußen in der See muss es eine Unmenge dieser Pflanzen geben, die unweigerlich an Gräser erinnern. Mit den echten Gräsern haben sie aber nichts zu tun. Botaniker stecken sie in eine eigene Familie, die Seegrasgewächse. Unsere Pflanze ist das Gewöhnliche Seegras, eine von zwei Arten an der deutschen Küste. Der kleine Bruder – das Zwerg-Seegras *(Zostera nana)* – kommt hauptsächlich an der Nordsee vor und ist von viel kleinerem Wuchs.

Ein echter Meeresbewohner

Der seichte Küstenbereich erlaubt uns, weit hinaus zu waten, wir können ins Meer hineinspazieren und uns umschauen. In etwa einem Meter Tiefe zeigen sich die ersten verankerten Büschel. Die Pflanze lebt vollkommen untergetaucht, ist über ihren ganzen Lebenszyklus von Salzwasser umgeben. Eine echte Meerespflanze und damit eine absolute Ausnahmeerscheinung bei den Blütenpflanzen. Blütenpflanzen auf dem Meeresboden erscheinen uns ungewohnt, verbindet man das Leben in den Ozeanen doch eher mit Fischen, Seesternen, Muscheln bzw. Tang und anderen Vertretern der Algen. Letztere haben aber mit Blütenpflanzen nichts zu tun, denn sie stellen eine komplett andere Gruppe von Organismen dar, so anders, dass sie heutzutage sogar nicht mehr zu den eigentlichen Pflanzen zählt, sondern als eine eigene Gruppe angesehen wird.

Der Schritt vom Land ins Meer ist nur einer Handvoll Pflanzenarten gelungen. Meerwasser enthält Salz und der Umgang damit ist für pflanzliches Leben eine große Herausforderung. Zu viel Salz in den Zellen schadet, es bedarf besonderer Anpassungen des Stoffwechsels, um in einer salzigen Umgebung existieren zu können.

Ein Unterwasserblüher

Jetzt im August blüht das Seegras gerade. Blüten im Meer?

Stellen Sie sich eine blühende Wiese mit Glockenblumen, Margeriten und wilden Nelken vor und stellen Sie sich weiter vor, dass diese Wiese nun überflutet werden würde. Das Wasser stünde so hoch, dass die Blumen komplett vom nassen Element umgeben sind. Lange könnten sie das nicht ertragen; sie würden absterben und verfaulen. Vor allem wäre es undenkbar, dass die Blüten bestäubt werden könnten. Fische würden dafür kaum in Frage kommen, auch kleine Krebstiere würden sich nicht um die Blüten kümmern. Ganz abgesehen davon, dass der Nektar vom Wasser ausgespült und fortgeschwemmt würde.

Blütenpflanzen sind Landlebewesen, die an der Luft wachsen, sollte man meinen. Für die meisten Arten trifft dies auch zu. Blütenpflanzen haben sich im Laufe der Evolution an Land gebildet und bei der Besiedlung unterschiedlichster Lebensräume eine enorme Artenvielfalt entwickelt. Es sind Landlebewesen, auch wenn ihre entferntesten Vorfahren Meeresalgen waren. Auf einen ganz kleinen Nenner gebracht, entstanden die Blütenpflanzen aus der evolutiven Reihe Alge – Farn – Palmfarn – Blütenpflanze. Doch auch bei den Pflanzen gilt: keine Regel ohne Ausnahme.

So wie manche Säugetiere sekundär vom Land wieder ins Wasser zurückkehrten und sich vollkommen auf ein Leben im nassen Element einstellten – die Wale etwa –, hatten auch ein paar wenige Gewächse das Wasser wiedererobert. All die Wasserpflanzen, die in Teichen, Seen und Flüssen wachsen, stammen von Arten ab, die einst an Land entstanden sind. Aber selbst bei den meisten Wasserpflanzen befinden sich die Blüten über dem

Wasser und werden wie bei den Landpflanzen von Insekten oder vom Wind bestäubt.

Umso erstaunlicher ist, dass ein paar wenige Arten auf dem Weg vom Land zurück ins Wasser auch ihre Blüten mit in die Tiefe genommen haben. Sie entwickelten eine Unterwasserbestäubung.

Wie bestäubt man im Meer?

Unser Seegras lebt nicht nur vollkommen untergetaucht, es blüht und fruchtet auch unter Wasser. Wie aber sehen die Blüten aus – und wie werden sie bestäubt?

Die Blüten der Seegräser haben mit den echten Gräsern etwas gemeinsam: Sie sind klein und unscheinbar. Es liegt auf der Hand, dass große und farbige Blüten in einem Ozean keinen Sinn ergeben. Die Blüten sind also winzig und bestehen nur aus den funktionellen Bestandteilen: entweder aus einem einzelnen Staubblatt, das den Blütenstaub entlässt, oder aus einem Fruchtknoten, der die Eizelle enthält. Nun ergibt pulverförmiger Blütenstaub im Wasser aber ebenfalls keinen Sinn und wir wissen noch immer nicht, wie die Übertragung des Blütenstaubs vor sich gehen soll. Tiere fallen weg, denn Unterwasserbestäuber gibt es nicht. Also bleibt nur das Element Wasser, in Analogie zur Windbestäubung über dem Wasser. Aber ganz so einfach ist das nicht.

Blütenstaub von windbestäubten Landpflanzen ist so leicht, dass er vom Wind fortgeweht werden kann. Kiefern oder Haselsträucher machen es vor, bei ihnen ziehen Schwaden von gelbem Staub durch die Luft. Im Wasser aber stellt sich ein fundamentales Problem: Ist ein Pollenkorn zu schwer, sinkt es auf den

Grund; ist es zu leicht, steigt es zur Oberfläche und treibt auf dem Wasser. In beiden Fällen ist das nutzlos, denn die Zielorte, die Fruchtknoten, stehen irgendwo unten im Wasser und können den Pollen so nicht einfangen.

Das Seegras bildet daher ungewöhnlich geformten Blütenstaub: kleine Würste, etwa zwei Millimeter lang und sehr dünn. Diese Pollenwürste sind so beschaffen, dass sie in etwa dasselbe spezifische Gewicht wie Wasser haben und so im Wasser schweben. Die Meeresströmung verteilt den Blütenstaub – wenn denn überhaupt von Staub gesprochen werden darf – und der Pollen findet den Weg zu den Narben der Fruchtknoten.

Die Samen der Pflanze hingegen sinken auf den Grund, denn die Keimlinge müssen sich ja im Substrat verankern können. Wachsen sie heran, bilden sie bald feste Wurzelstöcke, die als Ausläufer über den Boden kriechen und immer wieder neue Blätter bilden. In drei bis zehn Meter Tiefe finden sich mancherorts ausgedehnte Seegraswiesen. Stängel an Stängel der etwa einen Meter hohen Meerwasserpflanze stehen hier; die langen und schmalen Blätter wiegen sich mit der Wellenbewegung wie Gräser im Wind. Jetzt wird auch der wissenschaftliche Name der Pflanze verständlich, denn *Zostera* stammt von dem griechischen Wort »Zoster« und meint Gürtel. Eine Anspielung auf die bandförmigen Blätter, der Artname *marina* kommt vom lateinischen »marinus« oder Meer.

Der Mechanismus der Unterwasserbestäubung hat sich auch bei einigen Süßwasserpflanzen entwickelt. Besonders raffiniert ist der Mechanismus beim Rauen Hornblatt *(Ceratophyllum demersum)*, das manchmal massenhaft in Seen auftritt. Wir werden der Pflanze später noch begegnen.

Wiesen auf dem Meeresgrund

Seegräser wachsen an vielen Küsten der Erde. Es handelt sich dabei nur um ein paar Handvoll verschiedener Arten, die aber alle sehr ähnlich gestaltet sind. Im Mittelmeer etwa gedeiht das Neptungras *(Posidonia oceanica)*, das etwa vor Mallorca ausgedehnte Wiesen bildet.

Solche Wasserwiesen sind für das marine Leben von großer Bedeutung. Viele Jungfische nutzen die dichten Unterwassermatten, um sich zu verstecken und auf Nahrungssuche zu gehen – und sie sind wichtige Laichgründe für Meeresfische. Die Pflanzen selbst sind eine wichtige Futterquelle für Fische und Vögel. Die Seegraswiesen bilden auch Lebensraum für ausgefallene Tierarten, nämlich Seenadeln und Seepferdchen. Beide gehören zu den Knochenfischen und tragen einen äußeren Panzer aus Knochenplatten. Dadurch sind die Tiere schlechte Schwimmer und halten sich am liebsten zwischen Algen oder in den Seegraswiesen auf. Seepferdchen verbinden wir meist mit tropischen Gewässern, doch zwei Arten kommen auch an den europäischen Atlantikküsten vor. Ganz anders offenbaren sich die Seenadeln. Ihre langen und schmalen Körper ahmen tatsächlich die Blätter von Seegras nach, eine Tarnung, die durch ihre bräunliche bis grünliche Färbung noch verstärkt wird. Meist stehen sie aufrecht im Wasser, Schnauze nach oben und warten zwischen den Stängeln auf Beute wie kleine Krebse. Die Breitnasen-Seenadel lebt auch in der unteren Gezeitenzone der Ostsee. Sie erreicht 30 Zentimeter Länge. In anderen Regionen der Erde werden Seegraswiesen regelrecht beweidet, etwa von den Seekühen, deren vier Arten alle in tropischen Meeren zu Hause sind. Ein wahrhaft maritimes Spiegelbild des so vertrauten Bilds an Land!

Ein gefährdeter Lebensraum

Einst gab es ausgedehnte Seegraswiesen in der Nordsee, doch sie wurden von einem eingeschleppten Pilz aus Nordamerika stark in Mitleidenschaft gezogen. Sie hatten als Laichgründe für Heringsschwärme eine ganz besondere Bedeutung. In der Ostsee gingen die Bestände seit den Dreißigerjahren dramatisch zurück; im Greifswalder Bodden verkleinerte sich die Fläche der Seegraswiesen zwischen 1930 und 1988 um etwa 95 Prozent. Was sind die Gründe? Der Meeresbiologe Philipp Schubert vom GEOMAR Helmholtz-Zentrum für Ozeanforschung in Kiel meint: »Zu den größten Gefahren zählt aus meiner Sicht natürlich die Eutrophierung und dort vor allem die Landwirtschaft, die weiterhin kaum ihre Einträge reduziert hat – im Gegensatz zu häuslichen oder industriellen Abwässern. Des Weiteren ist eine Zunahme der Temperatur zu nennen. Unsere Forschergruppe konnte zeigen, dass Sommerhitzewellen mit mehr als 25 Grad Wassertemperatur für bestimmte flache Bestände tödlich sein können. Schließlich stellen auch Küstenschutz oder Sandverbringungsmaßnahmen eine große Gefahr für lokale Bestände dar.«

Eutrophierung oder Überdüngung sind auch auf dem Land der Grund für den Rückgang vieler Arten. Aber es gibt Grund zur Hoffnung. »Dem Seegras geht es zumindest in der deutschen Ostsee recht gut und es werden sogar Gebiete neu (oder erstmals?) besiedelt, die bisher nicht besiedelt waren«, sagt Schubert. Die Bemühungen, den Stickstoffeintrag zu vermindern, tragen also Früchte.

Dennoch gehören weltweit gesehen Seegraswiesen zu den am stärksten bedrohten Lebensräumen der Meere. Schleppnetze,

Eindeichungen und trübes Wasser setzen den Pflanzen zu. Vom Schiffsverkehr aufgewühltes Wasser vermindert den Lichteinfall auf die Meereswiesen, sodass Seegräser nicht richtig wachsen können. Überdüngtes Meerwasser in Küstennähe lässt auf den Blättern der Seegräser Algen wuchern, die ebenfalls das Wachstum hemmen.

Weil die Bestände von Seegräsern rapide zurückgehen, bemühen sich Biologen um eine Wiederansiedlung der Pflanzen. Sie helfen dem Seegras, wieder auf eigenen Füßen zu stehen und sich zu vermehren. Zwischen Herbst 2009 und Frühjahr 2010 tat sich an der Küste des Gelben Meeres, unweit der nordostchinesischen Hafenstadt Qingdao, Erstaunliches. Chinesische Wissenschaftler und ihre Helfer pflanzten bei Ebbe auf einer Fläche von 1.700 Quadratmeter Seegräser. In langen Reihen steckten sie faustgroße Steine in den Schlick, um daran die Wurzelstöcke des Seegrases zu befestigen (die Wurzelstöcke holten sich die Biologen übrigens aus einem noch intakten Bestand an einem anderen Küstenabschnitt in der Region). Nur so konnten sie sicherstellen, dass die noch nicht angewachsenen Pflanzen bei einsetzender Flut nicht fortgerissen werden. Ein immenser Aufwand, wie man sich bei einem Pflanzabstand von lediglich 25 Zentimetern gut vorstellen kann – wobei ich es Ihnen überlasse, die Anzahl an Pflanzen auszurechnen, die für diese Fläche benötigt wurde. Aber die Mühen haben sich gelohnt, denn fast alle gesetzten Seegraspflanzen bildeten Wurzeln und es war eine neue Seegraswiese entstanden.

Seegräser und Schildkröten

Das Gewöhnliche Seegras wächst übrigens auch an den Küsten des östlichen Nordamerikas und hier kam es durch zwei Zoologen zu einer erstaunlichen Entdeckung. Die Samen des Seegrases werden nämlich nicht nur vom Meer verbreitet, sondern auch von Meeresschildkröten. Wie so oft in der Forschung half auch hier der Zufall mit. Im Rahmen einer Forschungsstudie zum Nahrungsspektrum der Diamantschildkröte fingen die Biologen einige Tiere in der Chesapeake Bay zwischen Baltimore und Norfolk und brachten sie für einige Tage in Aquarien unter. Während dieser Zeit wurden die Tiere nicht gefüttert und die Exkremente gesammelt, um sie auf pflanzliche und tierische Reste zu untersuchen.

Bei den eingehenden Analysen des Schildkrötenkots zeigten sich nun zahlreiche Samen des Seegrases und schon stand die Frage, ob es sich hier um »Zoochorie«, also um Tierverbreitung handeln könnte, im Raum. Nun musste man nur noch herausfinden, ob die Samen nach der Darmpassage durch eine Schildkröte immer noch keimfähig waren. Dies war einfach, denn die Wissenschaftler mussten die Samen lediglich reinigen, in Sand stecken und mit Meerwasser gießen. Und siehe da: Die Samen wuchsen zu neuen Pflänzchen heran – und Meeresschildkröten leisteten dem unscheinbaren Gras einen wertvollen Dienst. Ein schönes Beispiel für Symbiose in der Welt der Tiere und Pflanzen.

Seegräser sind tatsächlich außergewöhnliche Pflanzen. Dass sie zumeist unbeachtet bleiben, liegt an ihrem Lebensraum. Wie viel einfacher ist es da doch, küstennahe Pflanzen zu beobachten, die wenigstens zeitweise an der Luft stehen. Eine solche Pflanze suchen wir an der Nordsee auf.

Der Dicke am Rande des Watts

Europäischer Queller

(Salicornia europaea)

Scharhörn, im Juli. Im Südwesten der kleinen Insel inmitten des Hamburgischen Wattenmeers erstreckt sich eine Salzwiese, die fast nach Nigehörn reicht, der benachbarten Insel. Zuvorderst in Richtung Meer, an Stellen, die etwas niedriger und bei Flut von Meerwasser bedeckt sind, wächst ein unscheinbares Pflänzchen mit auffallend geformten Stängeln. Blätter sucht man vergebens; die ganze Pflanze besteht nur aus verzweigten und im Sommer sattgrünen Stängeln, die sich bei genauem Hinsehen als eine Perlenkette aus einzelnen dicht aneinandergereihten Segmenten entpuppen. Jedes dieser Segmente wird gegen das obere Ende etwas breiter und bildet eine Pfanne wie bei einem Kugelgelenk, auf der das nächste Segment sitzt.

Der Europäische Queller ist keine gewöhnliche Pflanze. Auch er erträgt Meerwasser, traut sich aber nicht so weit in die See hinaus wie die Seegräser. Der Queller bleibt am Rande des Watts, wächst gerne in einem schmalen Bereich knapp unterhalb der mittleren Hochwasserlinie. Es macht ihm nichts aus, bei Flut zeitweise vollständig von Meerwasser überdeckt zu werden.

Der Lebensraum dieser Pflanze ist die Verlandungszone des Wattenmeers, dort, wo der Einfluss von Ebbe und Flut abnimmt und eine dichte Vegetation oberhalb der Hochwasserlinie entstehen kann. Am vordersten Rand der Salzwiese vollzieht sich ein abrupter Wechsel, was die Vegetation anbelangt – ein paar wenige Zentimeter Höhe machen hier enorm viel aus. An Stellen, an denen bei Flut immer noch Meerwasser über den Boden schwappt, wachsen keine der typischen Pflanzen einer Salzwiese; hier beherrscht der Queller das Bild. Er ist somit eine echte Pionierpflanze, die zur Verlandung der Küste beiträgt.

Was verbindet den Queller mit Kakteen?

Schauen wir uns das Gewächs einmal genau an. Vielleicht ist der Vergleich gewagt, aber kleine Pflanzen des Quellers erinnern unweigerlich an den Saguaro-Kaktus in den Wüsten Nordamerikas. Es ist dieselbe Bauweise, die beide miteinander verbindet: blattlose Stämme, verzweigt und aneinandergesteckt. Beim Queller sind sie klein, beim Saguaro riesig groß.

Beide weisen das Phänomen der Sukkulenz auf, womit Botaniker fleischiges und dickes Gewebe, das viel Flüssigkeit enthält, bezeichnen. Dabei können die verschiedensten Organe, wie Blätter, Stängel oder Wurzeln, zum Dicksein neigen. Bei den Kakteen sind gar keine Blätter vorhanden, hier liegt ein klassischer Fall von Stammsukkulenz vor. Bei einem Kugelkaktus ist der Stamm zudem noch zu einer runden Kugel geworden.

Die vielen verschiedenen Kakteen in den Wüstengebieten der Neuen Welt sind der Inbegriff sukkulenter Pflanzen, aber sie sind bei Weitem nicht die einzigen! In anderen Pflanzenfamilien sind es die Blätter, die sukkulent geworden sind, wie beispielsweise bei der berühmten *Aloe vera* oder den Agaven. Auch die Dickblattgewächse zeigen Sukkulenz. Nomen est omen – die Vertreter dieser umfangreichen Familie haben dicke und sukkulente Blätter. Jeder kennt den Mauerpfeffer, auch Fetthenne genannt, der an trockenen Stellen und in praller Sonne wächst; da machen wasserspeichernde Blättchen auf jeden Fall Sinn. Oder die Berghauswurz in den Alpen, die sich mit ihren dicken Blättern an die Trockenheit angepasst hat. Ob sukkulentes Blatt oder Stamm, ein solches wasserspeicherndes und dickes Gewebe ist eine lebensnotwendige Anpassung an trockene Wuchsorte mit ihren spärlichen Regenmengen.

Was hat dies alles mit unserem Queller am Rand des Watts zu tun? Hier herrscht kaum Trockenheit, denn die Flut bringt regelmäßig neues Wasser. Der Queller ist aber die einzige Pflanzenart unserer Flora mit Stammsukkulenz, auch wenn das Gewächs nur kleine Stämmchen statt eines stattlichen Stamms besitzt. Dennoch ist die Pflanze eine Ausnahme.

Salzkünstler

Beim Queller liegen ganz andere Gründe zur Sukkulenz vor. Die Pflanze hat nicht mit Trockenheit zu kämpfen, sondern mit dem Salzgehalt des Meerwassers. Sie ist eine Salzpflanze schlechthin, ihre Anpassung an den anspruchsvollen Lebensraum ist erstaunlich.

Warum ist Salz für Pflanzen eine Herausforderung? Es sind im Wesentlichen dieselben Gründe, warum wir Menschen kein Meerwasser trinken können. Wir würden aufgrund des Ungleichgewichts zwischen der Salzkonzentration des aufgenommenen Wassers und unserem Blut verdursten.

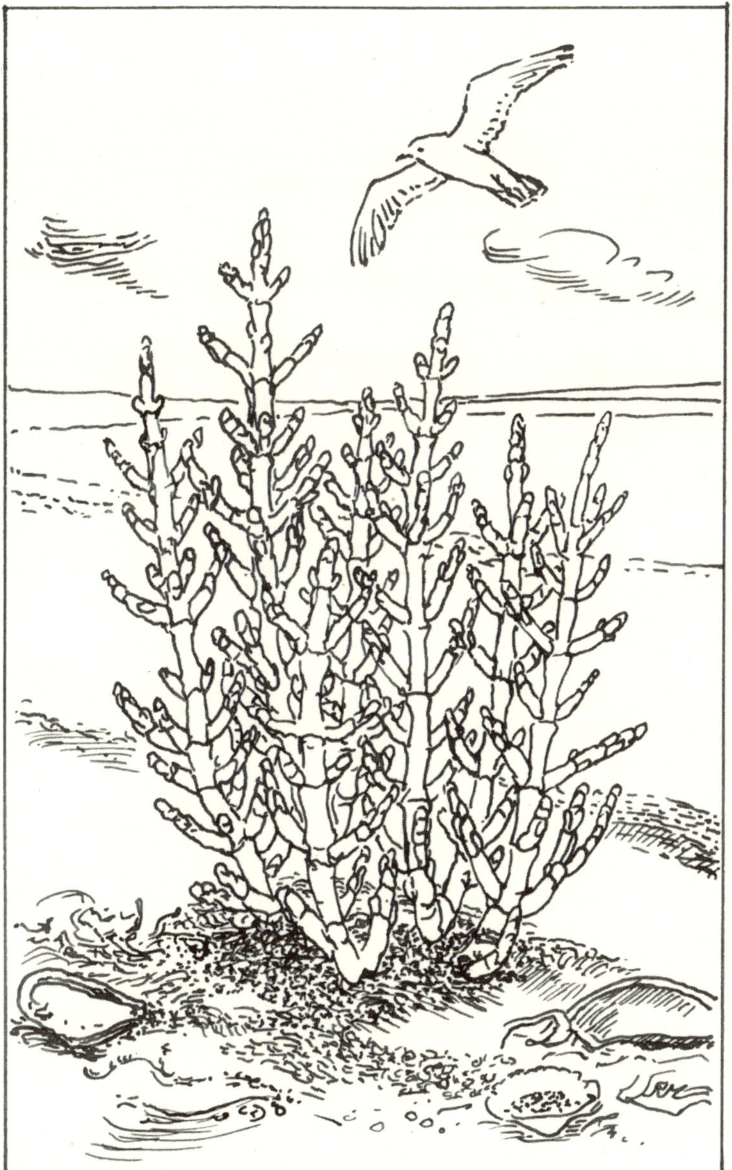

Für Pflanzen bedeutet Salz im Boden zweierlei. Zunächst einmal ist es schwierig, dem Boden Wasser zu entziehen, wenn Salz vorhanden ist, da das Wasser osmotisch gebunden ist. Die gelösten Salzteilchen halten das Wasser gleichsam zusammen und die Wurzeln brauchen eine höhere Saugkraft, um dennoch Wasser aufnehmen zu können. Gelangt dennoch Salz in die Zellen, ist das gefährlich! Das gelöste Salz kann in den Zellen Schäden an Enzymen und Zellmembranen verursachen, was wiederum die Funktionstüchtigkeit des Stoffwechsels und damit das Wachstum beeinträchtigt. Eine Pflanze, die nicht an salzige Böden angepasst ist, zeigt charakteristische Veränderungen, wenn sie mit Salzwasser gegossen wird: Das Wurzelwachstum wird gehemmt, die Pflanze neigt zu Kleinwuchs, Knospen treiben nur kümmerlich, die Blätter bleiben klein und die Pflanze entwickelt überall Nekrosen – Flecken, an denen das Gewebe abstirbt. Die Blätter vergilben zusehends und Teile der Pflanze verdorren, bevor sie schließlich ganz eingeht.

Von den etwa 300.000 Blütenpflanzen weltweit haben sich nur eine Handvoll Arten an salzhaltige Bedingungen angepasst. Diese salztoleranten Pflanzen bezeichnet man auch als Halophyten. Im unmittelbaren Küstenbereich finden wir nur ganz wenige solche Arten. Eigentlich erstaunlich, haben Blütenpflanzen doch sämtliche andere Lebensräume erobert, von der eisigen Arktis bis zu dürren Wüsten. Aber Blütenpflanzen sind Landpflanzen, die im Laufe ihrer Stammesgeschichte eine enorme Artenvielfalt hervorgebracht, aber den Küstenbereich weitgehend ausgeklammert haben. Das zeugt von der Schwierigkeit, mit Salz umzugehen.

Unter den Salzpflanzen haben sich ganz verschiedene Mechanismen entwickelt, um dem Salzgehalt im Boden zu trotzen.

Sie lassen sich in zwei Gruppen einordnen: Salzregulation und Salztoleranz. Die Wurzeln der ersteren sorgen dafür, dass die gelösten Salzteilchen gar nicht erst ins Innere der Pflanze gelangen; sie werden von vorneherein ausgeschlossen. Das Milieu in solch einer Pflanze entspricht dem einer ganz gewöhnlichen Pflanzenart. Andere Arten nehmen Salz sehr wohl auf, scheiden es aber aktiv wieder aus, um die Konzentration in den Zellen nicht zu hoch werden zu lassen. Ein Klassiker in Sachen Salzausscheidung ist der Strandflieder, der im August Salzwiesen mit einem lilafarbenen Blütenmeer überzieht. Die Blätter der Pflanze enthalten Drüsen, die nichts anderes machen als Salz auszuscheiden. Mikroskopisch kleine Pumpen, die sich dem Betrachter als weißliche Punkte zeigen. Die Salzkristalle lassen den Strandflieder wie mit Mehl bestäubt erscheinen.

Eine Selbstmordpflanze

Der Queller verfolgt im Umgang mit dem Salz eine Lebensstrategie, die einem vorprogrammierten Suizid gleicht. Das Pflänzchen wächst als Einjährige. Jedes Jahr keimen neue Samen und bilden eine neue Generation, die noch vor Einbruch des Winters eingeht. Während der kurzen Periode des aktiven Wachstums nimmt der Queller Meerwasser auf, um das Wasser für den Stoffwechsel zu bekommen. Das unbrauchbare Salz lagert sich in den Zellen ab. Damit der Queller weiterhin Wasser aufnehmen kann, muss er den Zellinhalt ständig mit neuem Meerwasser verdünnen, um die Salzkonzentration nicht zu hoch werden zu lassen. Das mag widersprüchlich klingen, aber Süßwasser steht dem Queller nicht zur Verfügung. Seine Wurzeln sind ständig von salzigem Wasser umgeben und er wird zweimal täglich geflutet. Steigt die Salzkonzentration in den Zellen an, weil das Wasser verbraucht wird oder verdunstet, wirkt neu hinzugefügtes Meerwasser zunächst einmal verdünnend. Durch Erweiterung des Zellvolumens wird Platz für neues Meerwasser geschaffen, der Queller quillt auf. Irgendwann jedoch erleidet der Queller eine akute Salzvergiftung und geht ein. Doch das macht nichts, denn als Einjährige ist das ganz normal. Schließlich ist es dasselbe Schicksal, das jeder einjährigen Pflanze widerfährt, wie die stolzen Sonnenblumen uns vor Augen führen. Ob der Zelltod nun infolge von Salzverstopfung oder einfach durch Vertrocknen eintritt, ist letztlich unbedeutend. In den Herbstmonaten, wenn seine Zeit gekommen ist, hat der Queller seine Blütezeit schon längst hinter sich und neue Samen angesetzt, die im nächsten Jahr den Fortbestand des Gewächses garantieren.

Ein Pionier

Die Salztoleranz des Quellers ist erstaunlich hoch. Im Gegensatz zum Seegras, das ständig untergetaucht wächst und somit einer konstanten Salzkonzentration ausgesetzt ist, kann der Salzgehalt zwischen den Wurzeln des Quellers in die Höhe schnellen. Dies geschieht dann, wenn sein Wuchsort bei Ebbe von der Sonne beschienen wird und der Boden langsam austrocknet. Das Wasser verdunstet, die Salzkonzentration im restlichen Bodenwasser steigt ins Unermessliche. Dem Queller macht dies alles nichts aus. Er ist sogar von Salz abhängig – in Kultivierungsversuchen auf Boden ohne Salzzugabe wuchs er wesentlich schlechter als auf Boden, der mit Meerwasser gegossen wurde. Wie erfolgreich der Queller ist, zeigt sich darin, dass er die Küsten des Mittelmeeres bis zu den kalten Küsten des hohen Nordens besiedelt hat. Stets bleibt er aber auf einen schmalen Bereich der Gezeitenzone beschränkt. Man mag sich aber fragen, warum sich die Pflanze nicht weiter ins Meer traut, in tiefere Zonen unterhalb der Hochwasserlinie vordringt?

Vielleicht wird er von anderen Lebewesen daran gehindert. Im Mündungsgebiet des Flusses Crouch in England entdeckten Forscher, dass unterhalb der Quellerzone unzählige Schlickkrebse leben – sie zählten bis zu 14.000 Tiere auf einem Quadratmeter. Die geballte Kraft der winzigen Krebse hält den Queller fern von ihrem Gebiet, indem sie Keimlinge der Pflanze fressen. Schlickkrebse bleiben aber im unteren Bereich der Gezeitenzone, sodass dem Queller ein Band frei von den Krebstieren übrigbleibt.

Im Wattenmeer ist der Queller die erste Pflanze, die sich ansiedelt und für etwas Grün im Schlick sorgt. Sie darf daher als Pionierpflanze bezeichnet werden, denn sie ist weit und breit die einzige Blütenpflanze auf dem Boden, der durch die Gezeiten mal nass, mal trocken ist.

Der Queller ist also eine einjährige Pflanze. Die Kombination Einjährigkeit und Stammsukkulenz ist einmalig, so etwas haben nicht einmal die Kakteengewächse hervorgebracht.

Vielseitig verwendbar

Die Pflanze trägt viele Volksnamen, zum Beispiel auch »Glasschmelz«, denn im 17. und 18. Jahrhundert wurde Queller gesammelt und für die Glasherstellung genutzt. Die Pflanzen wurden verbrannt und die Asche dem Rohmaterial für Glas beigemengt; der hohe Gehalt an Mineralsalzen der Asche setzte den Schmelzpunkt herab. Die Asche enthält bis zu 75 Prozent Kochsalz, zusätzlich auch noch Jod und Brom, was zu dieser

Eigenschaft führt. Queller wird daher auch gerne als Jodquelle gesammelt und gilt als wertvolles Wildgemüse. So trägt die Pflanze auch Namen wie »Meerfenchel« oder »Meeresspargel«.

Doch nun bewegen wir uns landeinwärts, verlassen die Spritzzone und den Spülsaum der Küste und wandern in die Dünen. Hier ist eine ganz andere Pflanze am Werk und zwar im wahrsten Sinne des Wortes.

Baukünstler der Dünen

Strandhafer
(Ammophila arenaria)

Norddorf auf Amrum, im Mai. Der breite Strand an der Nordseite der Insel lädt zu einem ausgedehnten Spaziergang ein. Unzählige mit Grasbüscheln besetzte Erhebungen im Sand liegen darauf verstreut, manche von ihnen in nur geringer Entfernung zum Meer. Je weiter man sich vom Wasser entfernt und Richtung Hinterland geht, desto größer werden diese Grasinseln. Aber nicht nur das, sie werden auch höher und zeigen sich nun als Dünen, die so charakteristisch für die Nord- und Ostsee sind. Die Kämme der Dünen sind dicht eingepackt mit dem Gras, dessen Halme wie in den Sand gesteckt aussehen. Es ist der Gewöhnliche Strandhafer, der hier in seinem Element ist.

Jetzt im Frühjahr leuchten die Halme und Blätter in einem satten Grün. Über einen Meter hoch werden diese Pflanzen, deren steife Blätter meist auffällig eingerollt sind. Das Einrollen dient als Verdunstungsschutz, denn bloßer Sand enthält nicht viel Feuchtigkeit, wenn die Sonne scheint und der Wind bläst.

Wind und Gras stehen in einem steten Wechselspiel zueinander. Beide sorgen dafür, dass die Strände der Nordsee mit ihren Dünen so anmutig wirken, ja, dass sogar die Dünen nur wegen des Grases überhaupt bestehen. Kein Zweifel: Strandhafer kurbelt den Tourismus an, denn ohne Dünen wäre die Küste sehr viel langweiliger. Für die Dynamik der Küsten spielt die Pflanze eine immens wichtige Rolle. Es ist die Biologie und die Fähigkeit, mit Flugsand fertig zu werden, die dem Strandhafer seine besondere Rolle zukommen lassen.

Phönix aus dem Sand

Der Strandhafer ist der Inbegriff eines Dünenbefestigers und zählt zu den ersten Pflanzen, die losen Sand besiedeln und sich breitmachen. Das Gras wächst auf den jüngsten Sandrücken, die vom Wind angehäuft werden, und beginnt dann mit seiner eigentlichen Berufung, nämlich dem Festigen des Sands und dadurch der Aufstockung der Düne. Die Düne wächst empor dank des Grases. Auf Amrum erreicht die höchste Düne stolze 32 Meter. Wie ist das möglich?

Alles eine Frage der Verträglichkeit, von Sand überschüttet zu werden und sich anschließend wie ein Stehaufmännchen wieder aufzurichten. Wobei sich der Strandhafer gar nicht aufzurichten braucht, vielmehr wächst er einfach durch den Sand hindurch. Wenn der stete Wind Sandkörner aufwirft und den unteren Teil des Strandhafers durch Flugsand allmählich versinken lässt, streben die Halme nach oben weiter. Grashalme, die zur Hälfte im Sand stecken, sind auf den Dünen kein ungewöhnlicher Anblick. Das Gras kann aber nur mithilfe eines ausgeprägten Systems von unterirdischen Ausläufern ständig neue Halme nach oben senden. Der größte und mächtigste Teil der Pflanze liegt somit im Sand verborgen. Die Ausläufer, auch Rhizome genannt, wachsen

waagrecht und senkrecht durch den Sand, erreichen einen Meter Länge oder mehr und können dank zahlreicher Knospen jederzeit neue Halme bilden.

Jeweils knapp unter der Sandoberfläche wird ein neues Stockwerk mit Wurzeln eingerichtet. Wenn die alten Wurzeln durch das allmähliche Vergrabenwerden immer tiefer zu liegen kommen, wäre das für die Pflanze nutzlos, denn die feinen Wurzelhaare sollten nach Regen Feuchtigkeit aufnehmen können, die sich in den oberen Sandschichten hält. Also werden ständig neue Stockwerke an Wurzeln angelegt. So bleibt der Strandhafer immer obenauf, egal, wie viel Sand sich unter seinen Füßen befindet. Das Gras kann bis zu einem Meter während einer Saison vergraben werden, ohne dass es Schaden erleidet. Da können andere Pflanzenarten nicht mithalten und Strandhafer ist der Alleinherrscher auf frischen und losen Sandhäufchen des Strands.

Der frisch herangewehte Sand trifft indes auf eine Barriere und bleibt zwischen den Halmen stecken. So sammelt der Strandhafer stetig Sand an, ohne dies zu wollen, und passt sein Wachstum an. Das Ergebnis ist eine prächtige Düne mit ihrer parallelen Ausrichtung zum Meer. Die vielen kleinen Grasinseln zuvorderst auf dem Strand sind junge Dünen, gleichsam die Keime der Dünenlandschaft.

Die Fähigkeit, immer wieder auszutreiben, bedarf einer bestimmten Voraussetzung: Die Pflanze muss ausdauernd sein. Eine einjährige Pflanze hätte keine Chance, auf losem und unstabilem Sand Fuß zu fassen. Nur eine Pflanze mit langlebigen und unterirdischen Ausläufern vermag hier standzuhalten.

Wegen der Eigenschaft, unstabilen Sand zu binden, wird Strandhafer in aller Welt als Dünenbefestiger gepflanzt. Für die natürliche Dynamik einer Küste ist das Gras so bedeutungsvoll, dass es sogar mit einer Berufsbezeichnung betitelt wird.

Strandhafer – ein Ökosystem-Ingenieur

In der modernen Ökologie werden Arten wie der Strandhafer als »ecosystem engineer« bezeichnet, als ein Ökosystem-Ingenieur. Eine gewagte Bezeichnung, die zu sehr nach Technik und Absicht klingt. Ein paar Wissenschaftler hatten die Bezeichnung in einem Fachartikel 1994 vorgeschlagen und somit in Umlauf gebracht. Was genau meinen Ökologen damit?

Es gibt solche und solche Arten in einem Lebensraum. Manche Pflanzen oder Tiere üben einen starken Einfluss auf ihren Lebensraum aus und verändern ihn mit der Zeit grundlegend. Daneben leben aber auch etliche Arten scheinbar ohne jegliche Bedeutung, sie beeinflussen das Aussehen des Lebensraums kaum. So gesehen muss der Strandhafer zweifelsohne zu den Ökosystem-Ingenieuren gezählt werden. Er gestaltet die Form von Dünen aktiv mit und beeinflusst so ganz direkt das Landschaftsbild. Mehr noch, durch die Stabilisierung des Sands wirkt er als Wegbereiter für die weitere Entwicklung der Dünen.

Freilich ist es mit den Ökosystem-Ingenieuren so eine Sache. Ein Konzept, das oft genug eine banale Selbstverständlichkeit ausdrückt. Ich denke an die prächtigen Fichtenwälder im hohen Norden, in denen eine einzige Baumart vorherrscht, eben die Fichte. Ohne sie wäre kein Wald vorhanden – ist die Fichte nun auch ein Ökosystem-Ingenieur oder ganz einfach eine dominierende Pflanzenart? Über das Konzept lässt sich also streiten; einig sind sich die Fachleute indes darüber, dass gewisse Arten einen ungleich stärkeren Einfluss auf die Umwelt haben als andere.

Auch gewisse Tiere nehmen die Rolle eines Ökosystem-Ingenieurs ein. Der Biber ist ein klassisches Beispiel, denn mit seinen Bauten staut er Flüsse, bildet Seen und verändert so den gesamten Lebensraum. Ein anderes Beispiel ist der Regenwurm, der maßgeblich zur Bodenbildung beiträgt; Darwin hatte dem Tier ein ganzes Buch gewidmet.

Ob eine bestimmte Pflanzen- oder Tierart den Lebensraum verändert und ihn mitgestaltet, hängt in erster Linie von seiner Häufigkeit ab, aber auch von seiner Lebensweise. Es ist klar, dass eine seltene Art einen viel geringeren Einfluss auf den Lebensraum hat als eine überaus zahlreiche Art. Die Abgrenzung eines Ökosystem-Ingenieurs von »normalen« Arten bleibt aber mitunter schwierig.

Ein kleiner Wurm bestimmt die Dünenvielfalt

Auf dem Weg vom Strand ins Innere der Insel verändert sich der Bewuchs der Dünen. Je älter die Düne, desto mehr Moose, Flechten und Heidegewächse treten auf. Während der Strandhafer gänzlich verschwindet, macht sich zunehmend die Krähenbeere, ein niedrig wachsender Strauch, breit. Auch der Sand verändert sich und strahlt nicht mehr so hell wie an den vordersten Dünen und am Strand. Seine bräunliche Färbung ist ein eindeutiges Indiz für einen höheren Anteil an organischen Bestandteilen im Sand. Dank des starken Bewuchses hat sich die Düne zudem stabilisiert, sodass der Wind den Sand nicht mehr verfrachten kann.

Die Entwicklung von den vordersten Dünen – wegen des noch hellen Sands Weißdünen genannt – zu den stark bewachsenen Dünen im Hinterland ist ein langsamer Vorgang, den

Biologen als Sukzession bezeichnen. Die Pflanzendecke ändert sich in ihrer Zusammensetzung und verschiedene Stadien lassen sich erkennen. Aus Weißdünen werden zunächst Graudünen, bei denen der Sand eine graubraune Farbe angenommen hat. Der Prozess der Bodenbildung setzt langsam ein: Organisches Material sammelt sich an, es kommen mehrere Pflanzenarten auf. Ganz allmählich entsteht eine geschlossene Pflanzendecke auf den nun in Braundünen verwandelten Flächen, auf denen sich dann auch Kiefern ansiedeln und Küstenwälder bilden.

Nun ist in der Natur meist alles komplizierter, als es der erste Blick glauben macht. Bei der Ablösung des Strandhafers durch andere Pflanzenarten spielt manchmal ein kleines und unscheinbares Tierchen mit, das eine besondere Beziehung zum Strandhafer hegt. Das Tierchen lebt im Sand, zeigt sich als dünner Fadenwurm und darf getrost als Schädling bezeichnet werden, denn es frisst die Wurzelspitzen des Grases an – in einem Ausmaß, dass viele Pflanzen des Strandhafers daran zugrunde gehen. Dies geschieht aber nicht auf den Weißdünen, sondern etwas weiter landeinwärts, wo die Dünen schon so gefestigt sind, dass der Sand sich nicht mehr bewegt. Mobilen Sand mag der Fadenwurm nämlich überhaupt nicht. Nur wo der Sand sich nicht mehr bewegt, tritt er in Massen auf. Ob er jedoch alleine für den Rückgang des Strandhafers auf älteren Dünen verantwortlich ist, lässt sich nicht genau sagen. Sicherlich spielt auch die Konkurrenz der Keimlinge des Strandhafers mit den anderen Pflanzen eine Rolle. Wie auch immer, der Strandhafer ist eine echte Pionierpflanze, die rohen Boden, den frischen Sand der Dünen, besiedeln kann. Humusbestandteile und organische Stoffe werden erst durch eine beständige Pflanzendecke gebildet.

Wegen der Sand stabilisierenden Eigenschaft wurde Strandhafer in viele Teile der Erde gebracht und zur Dünenbefestigung gepflanzt.

Das natürliche Verbreitungsgebiet des Grases umfasst alle europäischen Küsten einschließlich des Mittelmeers. Der Strandhafer ist somit ein erfolgreiches Gras, das aktiv seinen Lebensraum gestaltet. An manchen Stellen zeigt sich zwischen den Halmen eine Pflanze, die bezüglich Aussehen und Lebensweise in starkem Kontrast steht.

Eine stachelige Schönheit

Stranddistel
(Eryngium maritimum)

List auf Sylt, im August. Auf einer Düne fällt zwischen den Halmen des Strandhafers eine Pflanze mit steifen und stacheligen Blättern, die weißlich, mitunter bläulich erscheinen, auf. Mit ihren lederartigen Blättern und dem weißlichen Aussehen kontrastiert die Stranddistel stark mit dem Strandhafer. Beide teilen denselben Lebensraum, haben aber eine ganz andere Lebensstrategie entwickelt, um bestehen zu können. Gestalt und Färbung der Stranddistel machen die Pflanze geradezu zu einem Außerirdischen inmitten der Grashalme, zu einem Fremdling, der sich zu behaupten versucht. Das liegt freilich nur an seinen Genen beziehungsweise seiner Familienzugehörigkeit. Die Stranddistel zählt zu den Doldenblütengewächsen, die ganz anders gebaut sind als die Süßgräser. Ein Umstand, dem noch Bedeutung zukommen wird. Damit wird auch klar, dass diese Pflanze mit den eigentlichen Disteln nichts zu tun hat, denn Letztere gehören zu den Korbblütengewächsen.

Die Stranddistel blüht gerade und stattliche Blütenköpfe zieren die Stängel. Auch hier herrscht Stacheligkeit vor, denn unter jeder Dolde befindet sich ein flacher Kranz sparriger und in scharfe Spitzen auslaufender Blätter. Die eigentlichen Blüten sind klein und violett und sitzen eng beisammen in einer strahlenförmigen Dolde. Auffallend sind die violetten Staubfäden, die aus den Blüten heraushängen. Schmetterlinge und Hummeln fliegen umher und suchen die Stranddisteln gerne auf. Das Blütenangebot auf den Dünen ist wegen der geringen Anzahl von Pflanzenarten nicht gerade hoch, da heißt es zugreifen.

Schutz vor Sand und Tieren

Mit welchen Problemen haben Stranddisteln zu kämpfen? In ihrem Lebensraum – windige Sandhaufen – sind es in erster Linie Nährstoffmangel, Flugsand, unstabile Bodenverhältnisse, Trockenheit und eine brennende Sonne. Hinzu kommen die alltäglichen Probleme einer jeden Pflanze: hungrige Insekten und andere Tiere, die es abzuwehren gilt.

Die scharfen Stacheln an den Blättern hatten sich sicher als Fraßschutz entwickelt; dieses Prinzip ist bei den Pflanzen allgegenwärtig. Wer breite Laubblätter ausbildet, riskiert, gefressen zu werden – das unterscheidet die Stranddistel vom Strandhafer. Die oben erwähnten echten Disteln sind geradezu der Inbegriff von Stachelpflanzen. Keine Pflanze zeigt die Wirksamkeit der Bewehrung besser als die Acker-Kratzdistel, die sich auf Weiden ungehindert ausbreiten kann und zu einem lästigen Unkraut wird. Das Vieh meidet die Pflanze, frisst stattdessen das Gras um die kratzigen Stängel herum ab. Das kommt der Kratzdistel zugute, denn jetzt kann sie sich erst recht entfalten.

Aber zurück zur Stranddistel. Auf den Dünen grasen keine Kühe, aber andere pflanzenfressende Tiere wie Kaninchen leben hier und können den Jungpflanzen arg zusetzen.

Und wie steht es um die Steifheit der Blätter? Intuitiv würde man denken, dass auch dies dazu beiträgt, Mäuler fernzuhalten. Die derben und festen Blätter gelten indes als eine Anpassung an eine andere Unbill der Küsten: Flugsand. Wenn Sie sich an einem windigen Tag in den Sand legen, spüren Sie die Sandkörner, die wie kleine Geschosse durch die Luft fliegen. Für Pflanzen, die das ganze Jahr über im Sand verwurzelt sind, kann ein solches Sandstrahlgebläse zu einem echten Problem werden. Ist die Oberfläche nicht geschützt, wird das Blattgewebe aufgerissen und verletzt. Die Stranddistel bildet daher extrem harte und feste Blätter, die nicht so leicht aufgerieben werden können. Das ist wichtig, weil die Blätter der Pflanze flächig sind – breit und lang, im Gegensatz zu den dünnen Blättern des Strandhafers. Bei der Stranddistel kann der Wind richtig angreifen.

Die Steifheit der ganzen Pflanze zieht jedoch auch einen Nachteil nach sich. Die Stängel brechen bei zu starker Belastung – beispielsweise durch herumstreunende Tiere und unvorsichtige Badegäste – ab. Die Pflanze geht dann ein, denn sie vermag keine neuen Stängel zu bilden.

Sonnenschutz

Eine gänzlich andere Funktion erfüllt die dicke weißliche Wachsschicht, die die gesamte Pflanze überzieht und sie in einem gespenstischen Weiß erscheinen lässt. Verdunstungsschutz und Schutz vor zu viel Sonne sind die Funktionen der Schutzhülle. Der kräftige Wind an der Küste, verbunden mit starker Sonneneinstrahlung, führt zu Trockenstress bei den Pflanzen. Eine Düne ist nicht gerade ein Ort, wo Wasser im Überfluss vorhanden ist. Da heißt es, die Verdunstung herabzusetzen. Jedes

Blatt besitzt unzählige Poren, durch die Wasser verdunstet; der Vorgang ist der Motor des Wasserstroms, der stetig von den Wurzelspitzen bis zu den obersten Enden der Stängel fließt. Zu viel Verdunstung bei gleichzeitigem Wassermangel im Boden würde Welken verursachen, und daran ist keine Pflanze interessiert. Der Wachsüberzug der Stranddistel setzt den Wasserverlust deutlich herab. Gleichzeitig reflektiert er Sonnenlicht und sorgt so dafür, dass die empfindlichen Blattgrünkörner im Innern des Blatts nicht verbrennen. Bekommen sie zu viel Licht, laufen sie gleichsam heiß und können die Strahlung nicht mehr verarbeiten. Auch die Fotosynthese funktioniert am besten in einem optimalen Bereich; es darf nicht zu viel und auch nicht zu wenig Licht einstrahlen. Küstenpflanzen haben somit dieselben Lebensprobleme wie Wüstenpflanzen und Hochgebirgspflanzen – Trockenheit und intensive Sonne – und alle drei zeigen daher oft dieselben Anpassungen. Ein klassischer Fall konvergenter Evolution: Unter dem Sachzwang schwieriger Witterungsverhältnisse haben sich dieselben Lösungen entwickelt, und das in ganz verschiedenen Regionen und Pflanzenfamilien.

Der raffinierte Feinbau der Wachsschicht auf den Blättern der Stranddistel zeigt sich erst unter dem Elektronenmikroskop. Sie ist keinesfalls einfach ein Belag auf der Blattoberfläche, wie mit einem Pinsel aufgetragen. Nein, die Wachsschicht ist fein strukturiert und gleicht einem dichten Filz. Die unteren und oberen Zellschichten des Blattgewebes bestehen zudem aus besonders dickwandigen Zellen.

Familienangelegenheit

Man mag sich fragen, warum die Stranddistel eine Wachsschicht bildet und sich nicht mit einem dichten Haarfilz einkleidet, wie das andere tun. Das liegt wohl in der Familie. Doldenblütengewächse zeichnen sich nicht gerade durch Haarigkeit aus. Andere Familien wie Korbblütengewächse oder Borretschgewächse sind hingegen für haarige und bärtige Blumen bekannt. So ist der Strand-Beifuß durch und durch weißfilzig; ein dichter Pelz sehr kurzer Haare schützt die Oberflächen von Stängel und Blättern. Der Effekt ist natürlich genau derselbe. So weist nicht nur jede Pflanzenart bestimmte Merkmale auf, sondern auch jede Pflanzenfamilie, deren Mitglieder ja verwandt sind. Die Kakteengewächse etwa zeichnen sich durch die Stacheln aus, deren Aufbau charakteristisch für die Familie ist.

Stranddisteln legen noch eine weitere Besonderheit an den Tag, die niemand zu Gesicht bekommt, es sei denn, jemand gräbt die Pflanze aus: Eine kräftige Pfahlwurzel verankert die Pflanze im Sand. Meist reicht sie ein bis zwei Meter tief hinab, es wurden aber auch schon Pflanzen mit einer fünf Meter langen Pfahlwurzel gefunden. Damit kann sich die Stranddistel auch Wasser aus tieferen und feuchteren Bodenschichten holen. Die Ausläufer hingegen sorgen dafür, dass neue Stängel heranwachsen können, sollte der Haupttrieb Schaden erleiden. Somit ist auch die Stranddistel bestens an ihren Wuchsort angepasst.

Tief reichende Pfahlwurzeln sind ebenfalls ein typisches Merkmal der Doldenblütengewächse, zu denen auch Wilde Möhre und Pastinak zählen.

Bringen wir die Stranddistel zurück!

Die Stranddistel wächst an allen europäischen Küsten, an der englischen Küste und auch am Schwarzen Meer. Am Mittelmeer ist die Pflanze durchwegs häufig anzutreffen, an den deutschen Küsten hingegen ist sie sehr selten geworden. Zu oft wurden die Pflanzen für Trockensträuße gesammelt. Verwilderte Kaninchen fressen zudem Jungpflanzen ab. Veränderung und Zerstörung des Lebensraums im Zuge von Tourismus und dem Bau neuer Infrastruktur hatten zu einem starken Rückgang der Stranddistel an vielen europäischen Küsten geführt. So erstaunt es nicht, dass die Pflanze auf der Roten Liste der bedrohten Arten steht und geschützt ist.

Auch auf Sylt zählt die Stranddistel zu den pflanzlichen Raritäten. Aber es wird ihr geholfen. Seit 2013 läuft ein Wiederansiedlungsprogramm durch den Verein »Naturschutz Sylt«. Die Naturfreunde sammelten Samen an natürlichen Wuchsorten und zogen die Pflanzen in einer Gärtnerei auf. Die Jungpflanzen nahmen sie mit in die Dünen und setzten sie in den Sand. Gerd Böhm von dem Naturschutzverein erklärt dazu: »Die Aktion von 2013 umfasste 50 Pflanzen, 2014 pflanzten wir nochmals 250 Stranddisteln aus. Unsere Zählung Ende Mai 2015 ergab einen Bestand von noch ungefähr etwas mehr als die Hälfte der gepflanzten Disteln. Die Naturschutzgemeinschaft Sylt e.V. begleitet die Maßnahme und erstellt auch ein Kataster, in dem die Pflanzen eingemessen werden.«

Es wird also genau Buch geführt über die Anpflanzungen. Als größte Schwierigkeiten bei der Wiederansiedlung dieser seltenen Pflanze sieht Böhm die Unmenge an Wildkaninchen, die es leider auf die Wurzeln der Jungpflanzen abgesehen haben.

Es bleibt zu hoffen, dass das stolze Gewächs wieder vermehrt in den Dünen auf Sylt anzutreffen sein wird. Die Pflanze ist schließlich das Wappenzeichen der Gemeinde Kampen, sie ist mit Sylt verwurzelt und gehört hierher. Auch der Strauch, den ich als Nächstes vorstellen möchte, ist hier und an anderen Orten der Küste unübersehbar. Seine Biologie und sein Ansehen in der Gesellschaft sind allerdings ganz anders.

Die Rose im Schafspelz

Kartoffel-Rose
(Rosa rugosa)

Westerland, im Juni. Die Bewohner auf Sylt nennen den Strauch liebevoll Sylt-Rose. Die großen rosaroten Blüten bieten ein farbenprächtiges Bild vor den Dünen, wo sich der Rosenstrauch zwischen Strandroggen und Heidegewächsen breitmacht. Vom feinen Duft der Blüten ganz abgesehen. Sein gebräuchlicher Name lautet Kartoffel-Rose, wegen der runzeligen Blätter. Das lateinische Wort *rugosa* im wissenschaftlichen Namen bedeutet »runzelig, faltig«. Die Kartoffel-Rose kommt längst nicht nur auf Sylt vor – genauso gut könnte sie Amrum-Rose oder Rügen-Rose heißen. Auch ist der Strauch nicht auf den Küstenbereich beschränkt, sondern wächst stellenweise im Landesinneren an Straßenrändern, Böschungen und in Gärten.

So eindrücklich die Blüten sind und Farbtupfer in die Landschaft setzen, bereitet die Kartoffel-Rose vielen Menschen Kopfzerbrechen. Die Rose ist eine sogenannte Konfliktpflanze – sie ist einerseits als Zierstrauch beliebt, andererseits als Unkraut gehasst. Ganz nach dem Motto »Des einen Freud ist des andern Leid«. Wie kommt das?

Ein Fremdling

Die Kartoffel-Rose ist bei uns gar nicht heimisch, sondern hat eine weite Reise hinter sich. Ihre natürlichen Vorkommen liegen in Asien, einer Hochburg der Gattung *Rosa*. Alleine in China wachsen etwa 100 Arten von Wildrosen. Die Kartoffel-Rose hält sich auch in ihrer Heimat gerne in Küstennähe auf und steigt nicht wie viele andere Arten auf große Höhen empor. Sie wächst im nördlichen Ostasien bis hinauf nach Kamtschatka.

Wie kam die Kartoffel-Rose zu uns? Der schwedische Naturforscher Carl Peter Thunberg (1743–1828), der einige Jahre in Japan und anderen Ländern Ostasiens verbrachte, entdeckte die Art 1784. Die ersten Exemplare des Strauchs kamen 1791 nach England und 1808 nach Weimar. Die großblütige Pflanze erfreute sich bald großer Beliebtheit und fand rasch den Weg in die Gärten. Pflanzenzüchter nutzten die Kartoffel-Rose bereits 1887 für die Entwicklung neuer Sorten durch Kreuzen mit anderen Arten. Es kann gut sein, dass in den Rosenstöcken Ihres Gartens ein paar Gene der Kartoffel-Rose stecken.

Da der Strauch salztolerant, frosthart, robust und überaus wuchsfreudig ist, fand er bald Verwendung zur Festigung von sandigen Böden und Dünen, als Erosionsschutz an Kliffen und als Windschutzhecken. Auch entlang von Autobahnen und auf deren Mittelstreifen finden sich viele angepflanzte Kartoffel-Rosen. In Urlaubsorten an der Küste dienen Hecken des Strauchs zur Lenkung der Besucherströme an Grundstücksgrenzen und entlang von Wegen. Wegen der essbaren Früchte hatte man den Strauch in Osteuropa sogar großflächig angebaut. Kartoffel-Rosen dienten aber auch der Tarnung: Im Zweiten Weltkrieg

pflanzte die Wehrmacht in Ostfriesland Kartoffel-Rosen um ihre Bunker herum. Ein multifunktioneller und anspruchsloser Strauch, der aber außer Zierde und Nutzen auch Zank und Kosten bringt.

Die Kartoffel-Rose macht sich selbstständig

Es dauerte nicht lange nach den ersten Pflanzungen, da traten die ersten Verwilderungen auf. Das Wort »Verwilderung« klingt nach dem Gegenteil von »Zähmung« und bedeutet bei Pflanzen, dass eine spontane Vermehrung stattfindet und die Pflanze außerhalb von Anpflanzungen wächst. Ein Same gelangt aus einem Garten in die Dünen, keimt und die Jungpflanze wächst heran – schon hat sie den Hort menschlicher Pflege verlassen und steht auf eigenen Füßen.

In Deutschland beobachteten Botaniker bereits 1845 erste Verwilderungen, in Dänemark 1875. Im Vergleich zu anderen eingeführten Rosenarten fiel es der Kartoffel-Rose offensichtlich leicht, zu verwildern und sich spontan auszubreiten. Dazu tragen ein paar biologische Besonderheiten bei. Der Strauch vermehrt sich nicht nur durch Samen, sondern auch auf ungeschlechtlichem Wege durch zahlreiche Ausläufer.

Zudem schwimmen die großen Früchte im Wasser, bleiben bis zu 40 Wochen an der Oberfläche von Süßwasser und Meerwasser und können so über weite Strecken verfrachtet werden. Wenn die Früchte schließlich doch verfaulen, werden die Samen freigesetzt und an den Strand gespült. Die Samen selbst bleiben für ein paar Wochen ebenfalls schwimmfähig. Die Besiedlung einiger kleiner und unbewohnter Inseln an der Südküste Norwegens geht wohl auf diese Wasserverbreitung zurück.

Auch Silbermöwen und andere Vögel tragen zur Ausbreitung bei, indem sie die Hagebutten aufpicken, das Fruchtfleisch mitsamt den Samen verschlucken und schließlich ausscheiden. Ebenso beliebt sind die Früchte bei Nagetieren.

Das eigentliche Erfolgsrezept der Kartoffel-Rose liegt aber in der unbändigen Fähigkeit, ständig neue Ausläufer und neue Triebe zu bilden. Die Ausläufer sind lang, sie brechen leicht auseinander und können durch starken Küstenwind oder Wasser über weite Strecken verfrachtet werden. So besitzt die Kartoffel-Rose eine doppelte Strategie der Verbreitung: durch Samen und durch die Ausläufer. Versuche haben gezeigt, dass selbst vier Zentimeter kurze Stückchen eines Ausläufers zu neuen Pflanzen heranwachsen können.

Problemfall im Naturschutz

Kartoffel-Rosen bilden dichte Gebüsche. Meist genügt ein einzelnes Samenkorn oder ein kleines Stück Ausläufer, um einen neuen Bestand aufzubauen. Messungen haben ergeben, dass solch ein Gebüsch sich nach allen Seiten jedes Jahr um einen dreiviertel Meter ausdehnen kann. Dadurch wird mehr und mehr Boden bedeckt, mitsamt den anderen Pflanzen, die mangels genügend Licht eingehen.

Wer das Naturschutzgebiet Geltinger Birk aufsucht und entlang der Küste wandert, sieht die vielen Büsche der Kartoffel-Rose inmitten der Wiesen. Ein harmloser Anblick, aber hier geschieht etwas Dramatisches: Ein Strauch verwandelt ein artenreiches Grasland in ein artenarmes Gebüsch. Es ist eine ökologische Umwandlung, die natürlicherweise nicht stattfinden würde. Die küstennahen Wiesen beherbergen eine ganze Reihe seltener einheimischer Pflanzen- und Tierarten, die mit zunehmender Ausbreitung der Kartoffel-Rose verdrängt werden. Zu den Pflanzen zählen etwa das Quendelblättrige Sandkraut, die Schwarze Krähenbeere, die seltene Bibernell-Rose und die Stranddistel. Zudem verschwinden Moose und Flechten an den Stellen, wo sich die Kartoffel-Rose ausbreitet. Das Ergebnis dieser Vorgänge ist ein artenarmes Gebüsch, das zwar einen schönen Anblick bietet, ökologisch aber wertlos ist. Durch das lokale Verschwinden einheimischer Pflanzen gehen auch die Bestände etlicher Insekten zurück, die auf diese Pflanzen angewiesen sind. Etwa Schmetterlinge, die nur bestimmte Nahrungspflanzen aufsuchen, um Eier abzulegen.

Was tun?

»Kiel: Kampf gegen die Kartoffel-Rose am Leuchtturm Friedrichsort«, so lautete eine Pressemitteilung der Landeshauptstadt Kiel aus dem Jahr 2007. Mit schwerem Gerät ging das Kieler Umweltschutzamt gegen den Strauch vor, mit Baggern wurden die Pflanzen mitsamt ihrem Wurzelwerk ausgehoben. Der dabei anfallende lose Sand wurde vor dem Neuauftrag gesiebt, um Wurzelreste zu entfernen. Sie würden leicht wieder austreiben. Eine aufwendige Angelegenheit, aber es ist die einzige Möglichkeit, die unerwünschten Sträucher dauerhaft zu entfernen. In anderen Naturschutzgebieten kommen Ziegen oder Schafe zum Einsatz, um die Sträucher wenigstens niedrig zu halten. Auch Mähen ist eine Methode, doch sowohl Beweidung als auch Mähen lassen die Kartoffel-Rose nicht verschwinden. Sie treibt immer wieder aus, und es braucht eine intensive Behandlung, um das Wachstum der Sträucher einzudämmen.

Das Vorgehen gegen die Kartoffel-Rose macht Sinn, denn ihr ungestümes Wuchern in der Strandvegetation widerspricht den Zielen des Naturschutzes. Schließlich soll in einem Naturschutzgebiet eine möglichst natürliche Artengemeinschaft existieren können, wohingegen ein Gebüsch aus Kartoffel-Rosen eine ziemlich unnatürliche Angelegenheit ist.

Maßnahmen gegen die Kartoffel-Rose stoßen nicht immer auf Begeisterung und haben auch schon für Streit gesorgt. Am Geestkliff im Nationalpark Wattenmeer unweit von Cuxhaven stieß eine versuchsweise Entfernung der Pflanzen auf Widerstand der Anlieger. Die Naturschützer wollten die Rose entfernen, weil sie sich in der Krähenbeerheide ausbreitet, immerhin ein bedeutender und schützenswerter Lebensraum für Pflanzen und Tiere. Die Anlieger befürchteten eine Destabilisierung des Kliffs. Das Kliff sei eine natürliche Barriere gegen Sturmfluten. Die Deichbehörde verweigerte daher in einigen Abschnitten die Bekämpfung der Kartoffel-Rose. Schließlich ließ auch die Kurverwaltung Bedenken verlauten, weil die duftenden und reizvoll blühenden Büsche bei Touristen sehr beliebt sind; die Rose sei doch ein prägender Bestandteil der Küstenlandschaft.

Ob bekämpft oder toleriert, die Ausbreitung der Kartoffel-Rose in Europa schreitet stetig voran. Verwilderte Pflanzen sind bereits aus sechzehn Ländern bekannt und der Strauch erreichte um 2004 sogar Tromsø in Norwegen auf dem siebzigsten Breitengrad.

Die Kartoffel-Rose gesellt sich zu ein paar Dutzend weiteren Pflanzenarten, die bei uns in natürlichen Lebensräumen wuchern und andere Arten verdrängen. Der Japanische Staudenknöterich gehört dazu, ebenso die Robinie oder die Späte Traubenkirsche.

Ob und wie eingegriffen werden soll, erfordert eine sorgfältige Abklärung vor Ort. Carl Peter Thunberg hätte es sicher nicht für möglich gehalten, dass seine Entdeckung einmal zu solchen Meinungsverschiedenheiten führen würde.

IN FELD UND WIESE

Der Baum, der keine Nachbarn duldet

Walnuss

(Juglans regia)

Herbolzheim, im September. Wer kennt den Baum mit den großen grünen Früchten nicht! Die Walnuss wird gerne in Wiesen und Weiden gepflanzt, wie hier zwischen Rhein und Schwarzwald, einer milden Gegend, die dem Baum zusagt. Die Walnuss ist schon seit langer Zeit ein fester Bestandteil unserer Kulturlandschaft. So manches alte Exemplar mit knorriger Rinde steht in einem Garten oder auf einem Hof. Mit rund 150 Jahren wird die Walnuss aber gar nicht so alt wie etwa Eichen oder Fichten.

Steht ein Walnussbaum alleine auf weiter Flur, kann er sich ungestört entfalten und wächst zu einem stattlichen Baum von über 20 Meter Höhe heran. Die ausladenden Äste und das dichte Laub laden zum Verweilen unter der Krone ein. Der Dichter und Schriftsteller Julius Mosen widmet dem Baum ein ganzes Gedicht; »Der Nussbaum« beginnt mit den Zeilen:

»Es grünet ein Nussbaum vor dem Haus,
Duftig, lieblich breitet er blättrig die Äste aus.«

Der eher kurze Stamm trägt eine mächtige Krone, deren untere Äste beinahe waagrecht abstehen. Die Blätter sind zusammengesetzt oder gefiedert; damit meinen Botaniker, dass ein Blatt aus mehreren kleineren Teilblättern besteht, wie das auch bei Wicken und vielen Farnen der Fall ist. Beim Walnussbaum sind die Teilblätter allerdings ziemlich groß und zudem von fester Beschaffenheit.

Ein ungewöhnlicher Baum

Die Walnuss sticht durch ein paar Besonderheiten hervor. Da sind einmal die großen Früchte, die grün bleiben. Man fragt sich, wie die Samen verbreitet werden und warum der Baum so große Früchte bildet. Unter natürlichen Umständen platzen die grünen Kugeln auf und geben den einzelnen Samen frei. Die meisten Früchte fallen vom Baum und wirken zunächst wie klassische »Plumpsfrüchte«. An Ufern können sie auch durch Hochwasser fortgetragen werden, an einem Hang kullern sie vielleicht ein paar Meter vom Baum weg. Wichtiger für die Verbreitung ist aber die Tätigkeit von Tieren wie Eichhörnchen, die gerne die Nüsse sammeln und in ihren Vorratskammern anhäufen. Dabei wird der eine oder andere Samen vergessen und keimt aus. Eine solche »Versteckausbreitung« ist auch bei anderen Baumarten wie Eichen und Buchen von Bedeutung. Auch Haselmäuse und Raben, die ja bekanntlich intelligente und lernfähige Wesen sind, tragen zur Verbreitung bei. Oft lässt sich beobachten, wie diese Vögel die Nüsse auf Pflastersteine oder Straßen fallen lassen, um sie zu knacken. Die harte Schale dient freilich zum Schutz des Samens vor hungrigen Tieren. Auch für uns bedeutet es einen Kraftakt, eine Walnuss aufzubrechen. Nicht umsonst lautet eine Volksweisheit aus dem Elsass: »Gott gibt die Nüsse, aber er knackt sie nicht auf.«

Eine weitere Besonderheit ist der hohe Gehalt der Blätter an Gerbstoffen, die als Schutz vor Insekten dienen. Es gibt somit bei uns so gut wie keine pflanzenfressenden Insekten und Schmetterlingsraupen, die sich vom Laub der Walnuss ernähren würden – ganz im Gegensatz zum Eichenlaub. Auch Holzbesiedler wie Borkenkäfer meiden die Walnuss, da der Baum schlicht ungenießbar ist. Zudem verströmen die Blätter ätherische Öle, die umherfliegende und Nahrung suchende Insekten ebenfalls abhalten. Zerreibt man ein Blatt, nimmt man den typischen Geruch wahr.

Eine uralte Kulturpflanze

Die Walnuss ist eine alte Kulturpflanze, die bereits vor 9.000 Jahren in der jüngeren Steinzeit genutzt wurde. Die Heimat der Walnuss reicht vom östlichen Mittelmeergebiet bis zum Himalaya. Schon früh nahmen sie Menschen in andere Gegenden mit; so hatte Alexander der Große im 4. Jahrhundert v. Chr. die Walnuss nach Griechenland gebracht. Der Baum liefert aber längst nicht nur Walnüsse. Das Holz ist bei Schreinern und Schnitzern wegen seiner dekorativen Färbung und Maserung beliebt und wird für luxuriöse Möbel und hochwertige Inneneinrichtungen verwendet. Beispielsweise besteht das Chorgestühl in der Klosterkirche Rohr in Niederbayern aus Walnussholz.

Die Verwendung der Blätter hat in der Volksmedizin eine lange Tradition. In der Antike behandelten die Menschen Hauterkrankungen unter anderem mit Walnussblattlösungen. Für

innere Anwendungen wurde Tee zubereitet. Auch heute finden Präparate aus Walnussblättern als pflanzliche Heilmittel Anwendung.

So erstaunt nicht, dass dieser multifunktionale Baum in der Mythologie eine wichtige Rolle spielt. In der griechischen Antike war der Baum dem obersten der zwölf olympischen Götter, dem Zeus, geweiht. Nüsse galten als Glücksbringer und Fruchtbarkeitssymbol. Nun stehen aber wieder die Blätter im Blickpunkt meiner Aufmerksamkeit, denn sie enthalten noch ganz andere Dinge als Gerbstoffe und ätherische Öle.

Eine Chemiekeule im Blatt

Die Walnuss birgt ein Geheimnis, das sie bei Pflanzenphysiologen berühmt gemacht hat und das schon in der Antike bekannt war. Der Baum mag nämlich keine Nachbarn und Mitesser, und weiß sie von sich fernzuhalten. So beschrieb der römische Gelehrte und Verwaltungsbeamte Plinius der Ältere in seinem Werk »Naturalis historia« aus dem Jahr 77 die Wirkung der Walnuss auf andere Pflanzen ziemlich genau. In die Nähe von Walnussbäumen gepflanzte Eichen und Olivenbäume würden eingehen. Plinius widmete einige Kapitel seines Werks dem Anbau von Bäumen.

Das Zauberwort heißt Allelopathie. Unter Walnussbäumen wächst so gut wie nichts – was nicht nur am Schatten liegen kann, den das dichte Laub auf den Boden wirft. Nein, der Baum vergiftet den Boden unter sich.

Ein klassischer Laborversuch zeigt das Phänomen am besten. Rupfen Sie ein paar Blätter des Baums ab, zerreißen Sie sie in kleine Stücke und geben Sie das Laub in ein großes Einmachglas.

Dann füllen Sie das Glas mit Wasser auf und stellen es für ein bis zwei Tage ins Dunkle. Das Wasser wird danach wie Tee aussehen, denn aus den Blättern gehen etliche Inhaltsstoffe in Lösung. Behalten Sie einen Teil des wässrigen Auszugs und benutzen Sie den Rest, um eine Verdünnung herzustellen. Dazu mischen Sie einen Teil der Lösung mit vier Teilen Wasser. Das ergibt eine fünffache Verdünnung der ursprünglichen Lösung.

Nun kommt der eigentliche Versuch. Besorgen Sie sich ein Päckchen mit Gartenkressesamen. Legen Sie flache Schalen mit Haushaltspapier aus und geben Sie in jede der Schalen ein paar Dutzend Samen. In die Schalen kommt nun entweder reines Wasser, der wässrige Auszug oder die Verdünnung. Dann heißt es warten, aber bei der Gartenkresse dauert die Keimung nicht lange. Nach bereits zwei bis drei Tagen strecken sich die jungen Pflänzchen aus den Samen. Wenn Sie jetzt die verschiedenen Schalen inspizieren, werden Sie große Unterschiede bemerken! Die Keimlinge mit Wasser sind am besten ausgebildet, sie sind am größten und sehen alle kerngesund aus. Anders aber in der Schale mit dem wässrigen Auszug der Walnussblätter. Hier verlief die Keimung nur sehr schlecht, die Keimlinge sehen jämmerlich aus, nicht vergleichbar mit den gesunden Jungen in der Wasserschale. Bei der Verdünnung zeigt sich ein Bild, das zwischen Wasser und Auszug liegt.

Allelopathie

Der Schluss des Experiments ist klar: Die Blätter der Walnuss scheiden einen hemmenden Stoff aus. Je mehr von diesem Stoff in der Flüssigkeit vorhanden ist, desto stärker ist seine Wirkung auf die Samen und Keimlinge.

Biochemiker hatten den Stoff als Juglon, das die chemische Bezeichnung 5-Hydroxy-1,4-naphthochinon trägt, identifiziert. In reinem Zustand zeigt sich der Stoff als gelbbraunes und geruchloses Pulver. Juglon ist eine sogenannte Allelochemikalie; dabei handelt es sich um wachstumshemmende Stoffe, die von Pflanzen freigesetzt werden, um Konkurrenten fernzuhalten. Die Schalen der Walnussfrüchte enthalten ebenfalls Juglon.

Das Wort »Allelopathie« hat der österreichische Botaniker und Pflanzenphysiologe Hans Molisch (1856–1937) geprägt. Kurz vor seinem Tod veröffentlichte er das Buch »Der Einfluss einer Pflanze auf die andere – Allelopathie«. Das Phänomen der Allelopathie wurde bereits seit Beginn der Landwirtschaft wahrgenommen, ohne dass der Mechanismus bekannt war. Bauern beobachteten, dass gewisse Pflanzen oder die Auswaschungen gewisser Pflanzen andere Pflanzen hemmen und deren Anbau unmöglich machen.

Der amerikanische Vetter der Walnuss – die Schwarznuss *(Juglans nigra)* – ist sogar noch stärker in der allelopathischen Wirkung als die Walnuss. Sie kann sogar anderen Bäumen den Boden ziemlich verderben, wie amerikanische Forstwissenschaftler in den Achtzigerjahren feststellen mussten. Sie probierten eine Mischkultur aus Grau-Erle und Schwarznuss aus und pflanzten beide Baumarten in einer Baumschule an. Grau-Erlen wirken bodenverbessernd, weil sie zu mehr Stickstoff führen; das sollte sich positiv auf das Wachstum der Schwarznuss auswirken, die ökonomisch bedeutsam ist. Doch nach acht bis 13 Jahren starben alle Grau-Erlen ab, und zwar innerhalb von ein bis zwei Jahren. Im Boden hatte sich zu viel Juglon angesammelt. Die Schwarznuss selbst blieb von dem Stoff unbehelligt.

Das Prinzip der Allelopathie findet sich bei vielen Pflanzenarten, dabei sind verschiedenste Stoffe daran beteiligt. Wer in Anpflanzungen von Eukalyptusbäumen am Mittelmeer auf den Boden schaut, wird außer Laub kaum etwas anderes erblicken, ein Blätterteppich ohne jeglichen Bewuchs. Auch der Gewöhnliche Beifuß *(Artemisia vulgaris)* sondert Stoffe ab, die andere Pflanzenarten im Wachstum hemmen.

Die Walnuss breitet sich aus

Die Walnuss gilt als wärmeliebender und nicht besonders frostharter Baum. Eigentlich ist sie bei uns gar nicht heimisch. Der Baum kam im Gefolge der Römer vor etwa 2.000 Jahren nach Europa und wird seither gerne gepflanzt, er breitet sich aber auch von selbst aus. Er hat in Auenwäldern Fuß gefasst und nimmt an Häufigkeit zu. An der Donau ist er so häufig geworden, dass er als eingebürgert gilt; es macht also den Anschein, als sei er Bestandteil der ursprünglichen, natürlichen Vegetation.

So spricht Herrmann Jäger in seinem forstkundlichen Buch »Deutsche Bäume und Wälder« aus dem Jahr 1877 von einem »Fremdling, der seit Jahrhunderten das Bürgerrecht erlangt hat.«

Im Nordwesten Deutschlands beobachten Botaniker zunehmend spontan aufkommende Keimlinge der Walnuss und sprechen gar von einer »Juglandisierung«; in Anlehnung an den wissenschaftlichen Gattungsnamen. Im Ruhrgebiet wachsen in den Wäldern zahlreiche Jungbäume der Walnuss, die alle nicht älter als ein paar Jahre sind. Es scheint also eine Ausbreitungswelle der Walnuss begonnen zu haben. Eine nahe liegende Erklärung wäre sicher das wärmer werdende Klima, doch dies alleine kann den neuzeitlichen Vermehrungserfolg des Baums nicht erklären.

Auch andere Faktoren spielen eine Rolle, wie die vermehrte Anpflanzung des Baums in Gärten oder die Zunahme der Tiere, die durch ihr Sammeln die Früchte verbreiten.

Es ist schon fast eine Ironie der jüngsten Erdgeschichte, dass der Walnussbaum in unseren Tagen sich wieder selbst ausbreitet. Vor den Eiszeiten war er nämlich in Mitteleuropa ein ganz natürlicher Bestandteil der Laubwälder. Die Kälteperioden haben ihn aber in wärmere Gefilde abgedrängt, wo er die Eiszeiten überdauerte.

Die Pflanze, die gerne Purzelbäume schlägt

Salzkraut

(Salsola tragus)

Weisen, im Oktober. Wir befinden uns im breiten Tal der Elbe und halten Ausschau nach einer sparrig aussehenden Pflanze. Besonders ansehnlich sind die Wuchsorte nicht, denn die Pflanze wächst an Gleisanlagen und Müllplätzen. Auch das Gewächs selbst ist nicht gerade beeindruckend, vor allem wenn es nicht blüht. Im Spätsommer bilden sich an den Stängeln kleine und rötlich gefärbte Blütchen, sodass die Pflanze wie mit Glitzerzeug überzogen erscheint. Aber die Naturgeschichte ist dafür umso spannender.

Der deutsche Name der Pflanze verrät schon einiges: Binnenland-Salzkraut. Offensichtlich ist das Kraut an Salz gewöhnt, wächst aber nicht an der Küste. Tatsächlich haben wir es mit einer Spielvariante des eigentlichen Salzkrauts zu tun, das auf den Küstenbereich beschränkt ist. Botaniker sprechen von einer Unterart, also einem etwas anders geformten Vertreter des Salzkrauts. Diese Unterart ist eher selten und wächst an offenen Orten im Landesinneren, wo keine anderen Pflanzen das Wachstum stören.

Die Pflanze ist einjährig und extrem formenreich. Daher haben auch Botaniker so große Schwierigkeiten mit der genauen Abgrenzung der Art »Salzkraut«, denn es werden noch weitere Unterarten unterschieden. Doch viel interessanter als die Probleme der Klassifizierung von Arten und der Feinheiten der verschiedenen Varianten ist die Verbreitung der Samen beim Binnenland-Salzkraut.

Ein Steppenroller

Der Vorgang der Samenverbreitung ist im Leben einer Pflanze eines der wichtigsten Ereignisse überhaupt. Ein Höhepunkt, der mit der Vermehrung zu tun hat, gleichsam der erste Schritt beim Aufziehen des Nachwuchses. Die Samen gewährleisten den Fortbestand der Art und sorgen auch für neue Varianten der genetischen Eigenschaften. Schließlich entstehen Samen aus einem Befruchtungsvorgang, bei dem die väterlichen und mütterlichen Gene durchmischt und neu kombiniert werden. Das ist bei Pflanzen genauso wie bei Tier und Mensch.

Wichtig ist, dass die Samen auf irgendeine Art und Weise den Weg von der Mutterpflanze zu neuen und geeigneten Wuchsorten finden. Bei den meisten Pflanzen sind es die Samen selbst, die verstreut werden, sei es durch Wind oder mittels Tieren. Windverbreitete Samen wie die der Kiefer werden mit der entsprechenden Technik, mit Flügel oder Schirmchen, ausgestattet. Tierverbreitete Samen stecken entweder in schmackhaften Früchten, die von Vögeln und Säugetieren verschluckt werden, und deren Samen die Tiere wieder ausscheiden. Oder die Samen bleiben dank winziger Haken am Fell hängen und werden so fortgetragen.

Die Samen des Binnenland-Salzkrauts werden ebenfalls durch den Wind verbreitet, aber nicht auf die herkömmliche Art und Weise. Den Samen fehlen jegliche Einrichtungen, um fliegen zu können. Auch lösen sie sich nicht leicht vom Fruchtstand. Das Geheimnis offenbart sich erst an einem windigen Herbsttag, wenn die vertrockneten Pflanzen auf dem Boden umherwehen. Der gesamte oberirdische Teil der Pflanze – Stängel, Blätter und die Fruchtstände mitsamt den Samen – wird vom Wind in alle Himmelsrichtungen geschoben. Dabei bricht der Stängel auf Bodenhöhe ab – der buschige Wuchs der Pflanze sorgt dafür, dass sie über das Land kugelt. Ein klassischer Fall eines Steppenrollers oder Bodenläufers. So nennen Botaniker diese besondere Form der Samenverbreitung.

Ist das nicht genial? Bei stärkeren Windböen legen die Pflanzen ordentliche Strecken zurück. Die Samen verbreiten sich viel weiter, als wenn sie auf sich alleine gestellt wären. Ein Steppenroller bedarf aber einiger Bedingungen, um ins Rollen zu kommen. Zunächst wachsen solche Pflanzen naturgemäß in Gebieten mit niedriger und kümmerlicher Vegetation, andernfalls könnte der Wind nicht wirksam werden. In einem Wald wäre ein Steppenroller hoffnungslos verloren. Außerdem muss die Pflanze selbst von buschigem Wuchs sein, denn ein einzelner Stängel fällt flach um und kann von der Luftströmung nicht erfasst werden. Alle Steppenroller haben stark verzweigte und dicht wachsende Stängel, die zudem sehr haltbar sind. Sie dürfen nicht verfaulen, wenn sie im Herbst absterben, so wie das bei Stauden, beispielsweise Herbstastern oder Dahlien, der Fall ist. Nein, die Stängel müssen beständig sein, das Material bleibt nach dem Vertrocknen fest und haltbar. Doch das Gebilde muss auch abbrechen können, und zwar auf Bodennähe. Es bedarf also einer Sollbruchstelle, eine absichtlich angelegte Stelle des Stängels, die nach der Samenreife zur Wirkung kommt. Wenn die Stängel allmählich vertrocknen, werden sie an dieser besonderen Stelle brüchig. Ist der Wind stark genug, reißt die ganze Pflanze ab und wird über den Boden gekugelt.

Doch damit nicht genug. Es braucht eine weitere Eigenschaft, die niemand erraten würde angesichts der Pflanze. Die Samen dürfen sich nämlich nicht sofort lösen. Angenommen, die Samen befinden sich lose in den Fruchtständen, würden sie sehr leicht herausfallen und größtenteils in der Nähe der Mutterpflanze verstreut werden, noch ehe der Steppenroller eine anständige Strecke zurückgelegt hat. Die Kugel sollte möglichst weit fortgerollt und die Samen nur allmählich verstreut werden. Sie sehen, es ist gar nicht so einfach, ein professioneller Steppenroller zu sein!

Steppenpflanzen

Steppenroller machen naturgemäß in einer windigen, flachen und niedrigen Vegetation Sinn, wie sie eben Steppen darstellen. In einem Wald wäre das eine sinnlose Strategie, um die Samen in die Welt zu bringen. In den osteuropäischen und asiatischen Steppengebieten etwa wachsen noch ein paar weitere Pflanzenarten, die Purzelbäume schlagen, wie die Besen-Radmelde *(Bassia scoparia)*. Besen-Radmelde wird gerne in Form einer Sorte namens Sommerzypresse in Gärten gezogen – ihr schmaler und hoher Wuchs erinnert an eine Zypresse. Im Sommer verfärbt sich das Laub prächtig rot. Der Feld-Mannstreu *(Eryngium campestre)* ist ebenfalls ein Steppenroller und wächst in Deutschland bevorzugt auf sandigen und trockenen Stellen des Binnenlands, genauso wie unser Salzkraut. Da wundert es nicht, dass hier im Elbtal beide Arten angetroffen werden können. Insgesamt hat sich diese Strategie der Samenverbreitung bei nur wenigen Pflanzenfamilien entwickelt, die Anzahl der Arten ist eher gering.

Wann wird gestartet?

Der Mechanismus der Samenverbreitung beim Binnenland-Salzkraut und anderen Bodenläufern hat mit Wind zu tun. Welche Kräfte oder besser gesagt welche Windstärken sind notwendig, um den Steppenroller auf die Reise zu schicken? Immerhin muss der Stängel ja brechen, um die Kugel loszulassen.

Amerikanische Wissenschaftler wollten es genau wissen und sammelten im US-Bundesstaat Colorado junge Pflanzen. Das Binnenland-Salzkraut gelangte durch den Menschen auch in die Neue Welt, worauf ich weiter hinten im Buch noch zurückkommen werde. Die Wissenschaftler zogen die Pflanzen in Töpfen heran und experimentierten mit den ausgewachsenen und vertrockneten Pflanzen. In einem Windkanal maßen sie die Windstärke, die für ein Losreißen der Pflanzen nötig ist. Die notwendige Windgeschwindigkeit reichte von 95 bis 103 Kilometer pro Stunde, also ganz ordentliche Windstärken. Man hat den Eindruck, dass unser Steppenroller nur bei Sturm aktiv wird.

In den USA sorgte die Pflanze Ende der Achtzigerjahre nach heftigen Stürmen für helle Aufregung.

Von Unkraut überrollt

Steppenroller können echte Probleme verursachen, wenn sie massenhaft auftreten. So ereignete sich in den USA eine schier unglaubliche Geschichte. Die Einwohner der kleinen Stadt Mobridge im US-Bundesstaat South Dakota wurden 1989 Zeuge eines ganz besonderen Spektakels. Am Morgen des 8. Novembers trauten manche Bewohner ihren Augen nicht: Überall lagen dürre Pflanzenkugeln herum! Tausende von Fruchtständen waren nachts durch starke Westwinde in die Stadt gekugelt worden und türmten sich auf. Viele der trockenen und sparrigen Pflanzen verhakten sich auf dem Weg zu Gebilden in der Größe von Autos. Und diese Armee an Steppenrollern überrollte förmlich die Stadt.

»Als ich an jenem Morgen aufstand, sah ich nicht aus den Fenstern, so hoch und dick umgab das Unkraut die Hausmauern. Es gelang mir nicht einmal, die Haustüre zu öffnen, um meinen Hund herauszulassen«, erzählte eine Zeugin. »Town digs out from tumbleweed invasion«, schrieb die New York Times. Etwa 60 Häuser seien förmlich bis zum Dach begraben worden, manche Straßen blockiert. Am Westende der Stadt berichteten die Menschen, sie vernahmen Geräusche wie Steine, die gegen die Hauswand geworfen würden, als die Steppenpflanzen anrollten und auf die Wände stießen.

Die Behörden hatten alle Hände zu tun, um die betroffenen Straßengebiete freizubekommen. Die Einwohner wurden angehalten, ihre Autos nicht anzulassen, da sich die dürren Gewächse leicht entzünden könnten. Mit schwerem Gerät wurden die Kugeln plattgedrückt und eingesammelt. Alles in allem schafften die Aufräumtruppen 30 Tonnen Steppenroller aus der Stadt.

Wie kam es dazu? Mobridge liegt unmittelbar am Missouri River und am unteren Ende einer der größten Talsperren der USA, dem Oahe-Staudamm. Er staut den Fluss auf einer Länge von 370 Kilometern an, sodass ein riesiger See von länglicher Gestalt entsteht, der Lake Oahe. Die Verkettung einiger unglücklicher Umstände führte zum Massenauftreten der Steppenroller in der Stadt.

Zunächst waren die beiden vorangegangenen Jahre sehr trocken. Der Flusspegel sank im Sommer 1989 etwa um zwölf Meter. Dadurch wurde eine riesige Fläche Flussboden freigelegt, mit feinem und nährstoffreichem Boden, der zudem noch unbewachsen war. Ideale Bedingungen für ein Unkraut, das gerne in die Breite geht. Der fruchtbare Boden ließ das Kraut sprießen. Überall wuchsen die künftig rollenden Pflanzenkugeln heran, Abertausende Steppenroller gediehen auf dem normalerweise überfluteten Boden. Im November kamen dann heftige Westwinde auf, mit Böen von bis zu 100 Kilometern in der Stunde, und trieben die inzwischen reif gewordenen Kugeln direkt in Richtung Stadt.

Nach Amerika, genauer gesagt in den Bundesstaat South Dakota, kam die Pflanze möglicherweise zwischen 1870 und 1874 mit einer Ladung Leinsamen aus Russland. Heute ist sie in ganz Nordamerika verbreitet und wer im Herbst im Mittleren Westen unterwegs ist, wird die eine oder andere Kugel antreffen, die am Zaun entlang der Autobahn hängengeblieben ist oder an einer Tankstelle herumfegt. Aber nicht nur nach Amerika, bis nach Australien brachte der Mensch das gefürchtete Unkraut.

Bei uns könnte das Binnenland-Salzkraut nicht derart wild um sich schlagen wie in den USA. Dazu fehlt schlicht der Platz.

Hinzu kommt, dass die Pflanze bei uns heimisch ist, in Nordamerika aber ein verwilderter Fremdling. Biologen beobachten oft, dass gebietsfremde Pflanzenarten besonders üppig wachsen – sei es, weil die natürlichen Feinde fehlen oder weil die Konkurrenz durch andere Pflanzenarten wegfällt. Wie auch immer, das Binnenland-Salzkraut fand am Oahe-Staudamm ideale Wuchsbedingungen und konnte sich entsprechend entfalten.

Doch lassen wir die Purzelbaumpflanzen fröhlich kugeln. Das nächste Gewächs steht in starkem Kontrast zum Binnenland-Salzkraut. Die Besonderheit liegt wieder einmal in den Blüten.

Die Blume, die vom Ölboom träumt

Gewöhnlicher Gilbweiderich
(Lysimachia vulgaris)

Vipperow, im Juni. Im Uferbereich der Müritz, wo der Boden stets feucht ist, wächst eine stattliche Staude mit hellgelben Blüten zwischen den Gräsern und Sträuchern. Sie mag am liebsten einen Platz an der Sonne und lehmigen Boden, gedeiht aber auch in Auenwäldern und in zeitweise nassen Wiesen. Manche der Pflanzen erreichen anderthalb Meter Höhe, die großen Blüten erinnern an Glockenblumen. Zahlreiche Blätter sitzen an den kerzengeraden Stängeln. Man sieht dem Gewöhnlichen Gilbweiderich nicht an, dass er zur Familie der Primelgewächse zählt, so wie auch die Schlüsselblume. Woher der Name *Lysimachia* stammt, ist nicht genau bekannt. Möglicherweise stand ein Feldherr, der Lysimachos hieß, im Dienste Alexander des Großen Pate für den Pflanzennamen. Der deutsche Name lehnt an die Ähnlichkeit der jungen Blätter an bestimmte Weiden an; durch die blasse Farbe machen die Blätter einen vergilbten Eindruck.

Eigentlich ist am Gilbweiderich gar nichts weiter auffallend. Seine Blütenfarbe ist nicht aufregend, denn Gelb gehört zu den häufigsten Farben überhaupt bei unseren Blumen, und auch die Wuchsform ist ebenfalls keine besondere. Trotzdem weisen die Blüten der Pflanze ein paar merkwürdige Eigenschaften auf.

Empfindliche Blüten

Da ist einmal die Reaktion der Blüten auf Licht. Der Gilbweiderich bildet nämlich zweierlei Sorten an Blüten, Sonnenblüten und Schattenblüten, je nach den vorherrschenden Lichtbedingungen. Blüten, die von der Sonne beschienen werden, sind kräftiger in der Farbe und innen am Grunde der Blütenblätter rot gefärbt. Zudem überragen die Griffel des Fruchtknotens die Staubblätter an Länge und schauen zur Blüte heraus. Blüten im Schatten hingegen fristen ein Schattendasein. Sie sind heller und kleiner, die Griffel ragen nicht so weit heraus. Dazwischen gibt es alle möglichen Übergangsformen. Ein rätselhaftes Phänomen, das sicher mit der Fortpflanzung zu tun hat. So beobachteten Biologen, dass bei Schattenblüten meist Selbstbestäubung stattfindet, der Pollen einer Blüte also auf die Narbe des Fruchtknotens derselben Blüte gelangt. Nur die Sonnenblüten werden von Insekten aufgesucht, die eine Fremdbestäubung gewährleisten. Man hat den Eindruck, dass der Gilbweiderich sich im Schatten nicht wohl fühlt.

Sonnen- und Schattenausprägungen ein und desselben Organs sind sonst nur von Laubblättern bekannt, ein allgegenwärtiges Phänomen bei Bäumen. Blätter einer Buche etwa, die im Schatten heranwachsen, sind anders beschaffen als Sonnenblätter. Schattenblätter finden sich vor allem im Inneren der Baumkrone und auf der sonnenabgewandten Seite. Sie sind dünner als Sonnenblätter, meist aber dunkelgrüner, da der Gehalt an Blattgrün höher ist als bei Sonnenblättern. Blattgrün ist das Farbpigment, das Sonnenlicht einfängt und die Fotosynthese durchführt. Der Baum passt seine Blätter den Lichtverhältnissen entsprechend an; bei geringem Licht wird mehr Blattgrün gebildet, um dennoch effizient Fotosynthese betreiben zu können.

Warum der Gilbweiderich die Gestalt seiner Blüten von den Lichtverhältnissen abhängig macht, ist nicht bekannt. Wahrscheinlich hat dies mit der Bestäubung zu tun. Darin liegt das große Geheimnis der Pflanze.

Öl statt Nektar

Die Blüten sind der eigentliche Höhepunkt der Pflanze. Gilbweiderich und das nahe verwandte Pfennigkraut *(Lysimachia nummularia)* sind die einzigen Beispiele von Ölblumen in unserer Flora. Nein, es geht nicht um die Gewinnung von Biotreibstoff, da kann der Gilbweiderich nicht mit Raps mithalten. Die Blüten bieten neben Pollen anstelle von Nektar fette Öle an. Die Konsistenz gleicht der von Salatöl, es lässt sich nicht mit Wasser mischen und schwimmt obenauf. Mit den leicht flüchtigen Duftölen vieler Pflanzen hat diese Substanz jedoch nichts zu tun. Das Öl tritt aus feinen Drüsenhaaren heraus, die sich in der Blüte bei den Staubfäden befinden.

Damit ist der Gilbweiderich eine Ausnahmeerscheinung in Sachen Blüten. Alle anderen Blütenpflanzen bilden entweder nur Pollen oder Pollen und Nektar. Letzterer ist eine wässrige Lösung von Zucker und damit von ganz anderer Natur wie das Öl des Gilbweiderichs. Doch was hat es mit dem Öl auf sich? Wer interessiert sich dafür? Denn grundlos wird es sicher nicht gebildet und bereitgestellt.

Ölspezialisten

Mit etwas Geduld lässt sich leicht herausfinden, wer auf einer Blüte des Gilbweiderichs landet. Meist sind es Wildbienen, und zwar Vertreter der sogenannten Schenkelbienen. Diese nur acht bis zehn Millimeter langen Insekten gehören in Deutschland gerade mal zwei verschiedenen Arten, der *Macropis europaea* und der *Macropis fulvipes*, an. Ihr dunkler Hinterleib trägt auffallend helle Streifen. Die kleinen Bienchen sind auf *Lysimachia* spezialisiert und haben dafür sogar eigene Werkzeuge entwickelt. Daher auch der Name: Die Hinterbeine – Insektenkundler sprechen von Hinterschienen – zeigen eine auffallend starke Verdickung. Bei den Weibchen besteht diese aus einer breiten Bürste, die sie zum Sammeln des Öls nutzen. Die Männchen besitzen statt einer Bürste eine breite Verdickung. Im Englischen heißen die Bienen sinnigerweise »oil-collecting bees«.

Der Vorgang des Ölsammelns ist eine komplizierte Prozedur. Er wird nur dann verständlich, wenn auch das Sammeln des Pollens betrachtet wird, denn beides geht Hand in Hand oder bei Wildbienen wohl angebrachter, von Schiene zu Schiene. Die Weibchen nehmen beides auf und vermengen Pollen und Öl zu einer klebrigen Paste, die zum Nest gebracht wird. Um das Öl einsammeln zu können, betupfen die Weibchen mit ihren Vorder- und Mittelbeinen die Quelle, also die feinen Öldrüsen in der Blüte. Besondere Saugpolster aus feinen Härchen an den Füßen der Biene ermöglichen das Aufnehmen des Öls, so wie ein Schwamm Wasser aufsaugen kann. Anschließend wird das Öl durch Abstreifen in die Hinterbeinbürsten gebracht, die Sammelkörbe der Wildbiene, deren viele feine Härchen das Öl sofort aufnehmen. Auch der Pollen wird in diese Bürsten gestopft. Dazu drückt das Weibchen seinen Hinterleib gegen die Staubbeutel, sodass der Rücken regelrecht bepudert wird. Erst im Flug wird der Blütenstaub dann vom Rücken in die Hinterbeinbürsten gekämmt.

So werden Nektar und Öl auf vollkommen verschiedene Art und Weise gesammelt. Während Nektar mit den Mundwerkzeugen aufgenommen und verschluckt wird, kommt das Blumenöl in die Taschen der Bienen.

Die beiden Schenkelbienen-Arten sind in den Sommermonaten, von Juni bis September, an Flussauen und anderen Feuchtgebieten zu finden. Vom Gilbweiderich bekommen sie kein bisschen Nektar. Da aber auch Schenkelbienen Kohlenhydrate zum Leben benötigen, suchen sie die Blüten anderer Pflanzenarten auf, um sich am begehrten Zuckersaft zu laben. Alles in allem besuchen sie aber nur ganz wenige verschiedene Pflanzenarten, ihr Spektrum an Nektarlieferanten ist sehr gering.

Was machen die Wildbienen nun mit der dicken Paste aus Öl und Pollen? Das Gemisch dient als Brot für ihre Larven. Als Einzelgänger graben sich Schenkelbienen wie andere Wildbienen ein Nest in den Boden. Unter Gras und Moos wird ein schräg nach unten reichender Tunnel angelegt, so lang wie ein Zeigefinger; ein paar kurze Seitengänge bilden die Brutzellen. Hier wird das Larvenbrot eingelagert und ein Ei daraufgelegt. Das Öl dient wahrscheinlich auch dazu, die Innenwände des Nests wasserabweisend zu imprägnieren. Jedenfalls überzieht ein firnisartiger Belag die Gänge. Da Ölbienen im Gegensatz zu anderen Wildbienen keine erstarrungsfähigen Substanzen aussondern können, nehmen Biologen an, dass das Blumenöl diesem Zweck dient. Doch wie ist es möglich, dass das Öl im Nahrungsbrei flüssig bleibt, an den Wänden hingegen harzig und fest wird? Wahrscheinlich vermengen die Bienen das Öl mit einem eigenen Enzym, das den Härtungsvorgang bewerkstelligt. Aber wie dem auch sei, der Firnis schützt die Brutzellen vor Nässe und Fäulnis.

Die schlüpfenden Larven verzehren den Nahrungsvorrat binnen zweier Wochen und werden zu sogenannten Ruhelarven, die im Nest überwintern. Erstaunlicherweise verpuppen sie sich erst im kommenden Frühjahr und fliegen als neue Wildbienen aus.

Das Öl des Gilbweiderichs ist etwa achtmal kalorienreicher als Nektar. Für die Aufzucht des Nachwuchses ist es daher eine ideale Energiequelle für Wildbienen, kann aber nur genutzt werden, wenn die entsprechende Ausstattung zum Sammeln vorhanden ist. Hier handelt es sich um eine hochgradige Spezialisierung, sowohl auf der Seite der Insekten als auch auf der der Pflanzen, bei der nur wenige Arten beteiligt sind.

Eine tropische Reminiszenz

Ölblumen kennen Biologen sonst nur aus den Tropen. Insgesamt sind es rund 1.400 verschiedene Pflanzenarten, die sich auf nur acht Pflanzenfamilien verteilen, darunter auch die Orchideengewächse. Also ein Bruchteil aller Blütenpflanzen, etwa ein halbes Prozent aller Arten. Die Evolution von fettem Öl als Lockmittel für Bestäuber ist offensichtlich eine neuere Entwicklung. Das ergibt sich auch aus der Tatsache, dass ihre Bestäuber ausschließlich Wildbienen sind. Keine andere Insektengruppe hat die Nutzung der Öle entwickelt, weder Schmetterlinge noch Käfer oder Fliegen.

Die meisten Arten von Ölblumen wachsen in den Tropen der Neuen Welt. Eine Familie mit besonders vielen Arten sind die Malpighiengewächse, zu denen viele Lianen, Sträucher und Bäume gehören. Die Blüten sind auffallend gefranst, gelb bis lila gefärbt und werden ebenfalls von Ölbienen aufgesucht.

Im tropischen Afrika hingegen sind es ein paar Kürbisgewächse, die Ölblumen hervorbrachten. Besonders auffallend sind die Blüten einer Kletterpflanze namens *Momordica foetida*. In der Mitte der weißen und schalenförmigen Blüte befindet sich eine gelbliche großflächige Öldrüse, deren Sekret den ganzen Blütenboden benetzt. Die Besucher finden einen Ölteppich vor, in dem sie förmlich schwelgen können. Sinnigerweise wenden die Blütenbesucher dieser Art eine andere Methode der Ölaufnahme an. Bei ihnen ist die Unterseite des Hinterleibs mit unzähligen Saughaaren besetzt. Die Wildbienen wedeln damit auf dem Ölfeld herum und bringen dann das aufgenommene Öl in die Höschen der Hinterbeine.

Unsere beiden einheimischen Arten Gewöhnlicher Gilbweiderich und Pfennigkraut verbinden also unsere Flora mit tropischen Exklusivitäten. Niemand weiß, warum die zwei Arten von *Lysimachia* bei uns Öl statt Nektar produzieren. Alle anderen Vertreter der Schlüsselblumengewächse sind ganz normale Blumen, die Nektar anbieten. Vielleicht handelt es sich um ein Relikt vergangener Zeiten? Wir werden später einer weiteren Pflanze begegnen, die noch eine tropische Reminiszenz trägt.

Vom feuchten Wuchsort der großen Staude geht es jetzt zuerst einmal auf einen Acker, auf dem ein winziges Pflänzchen wächst. Bei ihm stehen nicht die Blüten im Vordergrund, auch nicht eine besondere Strategie der Ausbreitung oder des Wachstums, sondern die Kleinheit der Pflanze.

Wer ist die Kleinste im ganzen Land?

Mäuseschwänzchen

(Myosurus minimus)

Welzow, im Mai. An einer feuchten Stelle in einem lehmigen Acker wächst die zunächst vollkommen unauffällige und unspektakuläre Pflanze, die ich als Nächstes vorstellen möchte. Sie ist leicht zu übersehen, heißt im Volksmund Mäuseschwänzchen und ist winzig. Die schmalen Blätter bilden eine kleine Rosette auf dem Boden, das Ende eines jeden Blatts ist rund. Nur wenn die Pflanze blüht, ragen ein oder mehrere Stängelchen in die Höhe. Dann erreicht das Pflänzchen immerhin zehn Zentimeter Höhe oder mehr. Die kleinen Blüten fallen wegen ihrer grünlichen Färbung kaum auf. Sie werden von Insekten passender Größe aufgesucht wie Mücken, Käfer und Fliegen. Zur Fruchtzeit tut sich Erstaunliches in der Pflanze, dann verlängert sich die Achse der verblühenden Blüte bis auf sechs Zentimeter. Daher auch der deutsche Name der Pflanze. Die wachsenden Fruchtstände machen den Anschein, als wollte sich das Mäuseschwänzchen in die Höhe recken, um die Samen möglichst gut verbreiten zu können. Ein solches Strecken und Größerwerden während der Fruchtreife ist auch von anderen Pflanzen bekannt, etwa vom Löwenzahn. Stängel mit den silbergrauen Pustekugeln sind stets höher als die Stängel zur Blütezeit.

Was heißt klein?

Von kleinen Pflanzen soll dieses Kapitel handeln. Von Landpflanzen, um genau zu sein, denn Wasserpflanzen lassen wir hier außer Acht. Wir werden uns später noch ausgiebig mit dem Leben im wässrigen Milieu beschäftigen, das so ganz anders als das Leben auf dem Land ist. Und noch eine Einschränkung muss hier gemacht werden: Moose schiebe ich ebenfalls beiseite, weil sie eine ganz andere Gruppe von Pflanzen darstellen als die Blütenpflanzen, um die es hier geht.

Ist das Mäuseschwänzchen die kleinste Landblütenpflanze Deutschlands? Eine überaus schwierige Frage! Bei Pflanzen müssen wir uns genau überlegen, was mit »klein« gemeint ist.

Soll sich die Kleinheit auf die Wuchshöhe des Stängels beziehen oder auf die Größe der Blätter? Oder auf das Körpergewicht? Ja, auch Pflanzen wiegen etwas. In der ökologischen Grundlagenforschung und in der landwirtschaftlichen Pflanzenzüchtung wird laufend das Körpergewicht von Pflanzen bestimmt, nur sprechen Wissenschaftler von Biomasse. Meist ist es das Trockengewicht einer Pflanze, das als Maß genommen wird.

Wenn wir die Biomasse ausgewachsener Mäuseschwänzchen mit der von anderen kleinen Pflanzen vergleichen, werden wir leichtere Pflanzen ausfindig machen. Da ist etwa das Hungerblümchen, ein zartes und winziges Gewächs, das im zeitigen Frühjahr auf Wegen angetroffen werden kann. Man muss schon genau hinsehen, um die kleinen weißen Blüten zu entdecken. Auch das Hungerblümchen bildet nach dem Keimen zunächst eine Blattrosette; erst zur Blütezeit wächst ein Stängel hervor. Dieser kann etwas höher werden als beim Mäuseschwänzchen.

Mäuseschwänzchen und Hungerblümchen sind einjährige Pflanzen, deren Fortbestehen von Samen abhängt. Nach der Fruchtreife gehen sie ein. Daher bilden sie nur eine geringe Biomasse und dürftig ausgebildete Wurzeln. Mehr brauchen sie in ihrem kurzen Leben als Einjährige auch nicht. Andere winzige Pflanzen sind mehrjährig und überdauern den Winter mit ihren Wurzeln. Sie bringen mehr Gewicht auf die Waage, weil die Wurzeln kräftig sind und als Speicherorgan dienen. So gesehen zählen sie nicht zu den kleinsten Pflanzen, obwohl das Sand-Veilchen auch nur acht Zentimeter hoch wird. Bei Pflanzen ist Kleinheit also relativ. Je nach betrachtetem Pflanzenorgan wird sich eine andere Rangfolge der Rekordhalter ergeben.

So bilden manche Einjährige von kleinem Wuchs geradezu überdimensionierte Blüten aus. Ich erinnere mich an die Wüsten im Südwesten der USA, wo im zeitigen Frühjahr nach genügend Regen winzige Gauklerblumen dem Sand entsprießen. Die Blätter sind winzig, die Blüte aber mehrere Zentimeter lang, sodass die purpurnen Flecken schon aus der Ferne erblickt werden können.

Manche Pflanze ist von niedrigem Wuchs, aber nicht unbedingt klein. Es braucht in jedem Fall einen Blick unter die Erde, wo sich die Wurzeln verstecken. In den Alpen finden wir Pflanzen wie den Blaugrünen Steinbrech, der ebenfalls nur zwei bis zehn Zentimeter hoch wird. Als Polsterpflanze ist er aber

stark verzweigt und hat ein geradezu massives Wurzelwerk, mit dem sich die Pflanze in den Felsspalten verankert. Daher hat sie bei der Betrachtung pflanzlicher Winzlinge keine Bedeutung. Polsterpflanzen werden nicht hoch, gehen dafür aber umso mehr in die Breite.

Galerie der Kleinsten

Darf ich Ihnen unsere Kleinsten vorstellen? Immer ist die Rede von den größten Rekordhaltern, den höchsten Bäumen, den größten Blättern, den größten Blüten. Nun sollen auch einmal die Kleinen im Vordergrund stehen. Wie bereits erwähnt, betrachten wir nur Landpflanzen. Die kleinste Blütenpflanze überhaupt ist auf dem Wasser zu finden und zeigt sich als winzige Ovale, die auf dem Wasser treiben. Die Zierliche Wasserlinse *(Lemna minuta)* misst gerade mal ein bis zwei Millimeter.

Weltweit gesehen gehört ein Veilchen mit dem wissenschaftlichen Namen *Viola lilliputana* zu den kleinsten jemals gefundenen Blütenpflanzen auf dem Land. Der amerikanische Botaniker Hugh Iltis hatte die Pflanze 1962 in den südamerikanischen Anden gesammelt, ohne sie als neue Art erkannt zu haben. Es war reiner Zufall, dass Iltis auf die Pflanze stieß. Er verlor beim Fotografieren die Schutzkappe des Objektivs und bei der Suche danach fand er das Veilchen zwischen Steinen. Iltis hielt die Pflanze für eine bereits bekannte Art. Er zog sie auf Papier auf, beschriftete den Herbarbogen und fügte ihn seiner Sammlung zu. Erst 50 Jahre später sah sich ein anderer Botaniker die Funde nochmals genau an und erkannte, dass es sich um eine neu entdeckte Art handelt. Die Erstbeschreibung des Veilchens erfolgte daher erst 2012. Die Pflanze wächst auf etwa 3.600 bis 4.300

Hier eine Auswahl der kleinsten Landpflanzen unserer Flora:

Art	Wuchshöhe	Lebensdauer und Lebensräume
Mäuseschwänzchen *(Myosurus minimus)*	2 bis 10 cm	einjährig feuchte Äcker, Wegränder
Hungerblümchen *(Erophila verna)*	2 bis 15 cm	einjährig Wege, Magerrasen, Mauern, Äcker
Schnee-Enzian *(Gentiana nivalis)*	1 bis 15 cm	einjährig magere Steinrasen
Wimper-Mastkraut *(Sagina ciliata)*	3 bis 10 cm	einjährig Äcker, zwischen Pflasterfugen
Sand-Veilchen *(Viola rupestris)*	3 bis 8 cm	mehrjährig Trockenwiesen, Dünen, Felsschutt
Sumpf-Veilchen *(Viola palustris)*	3 bis 10 cm	mehrjährig Hochmoore, Flachmoore
Zwerg-Primel *(Primula minima)*	1 bis 4 cm	mehrjährig Schneetälchen, feuchter Schutt, Magerrasen
Blattloser Ehrenpreis *(Veronica aphylla)*	2 bis 8 cm	mehrjährig Alpenmatten, Geröll, Schneetälchen

Meter Höhe auf Geröllhalden. Sie ist so winzig, dass sie samt und sonders auf einer amerikanischen Penny-Münze Platz hat, einschließlich der Blüten. Blätter und Blüten werden kaum länger als ein Millimeter, die ganze Pflanze misst etwa einen Zentimeter.

Warum so klein?

Warum bleiben gewisse Pflanzen winzig, während andere wie der Mammutbaum riesig werden? Die Größenunterschiede bei den Pflanzen sind erstaunlich. Natürlich nimmt sich ein Hundefloh gegenüber einem Blauwal ebenfalls winzig aus, aber hier haben wir zwei grundverschiedene Tierstämme und zwei vollkommen verschiedene Baupläne vor uns – Insekten und Wirbeltiere. Blütenpflanzen aber bilden eine einheitliche Gruppe, was ihren Bauplan und ihre Lebensweise anbelangt.

Wenn die Natur Pflanzenwinzlinge hervorgebracht hat, muss es Gründe dafür geben. Unter bestimmten Umständen muss kleiner Wuchs einen Vorteil gegenüber körperlicher Größe haben, sonst wären die Winzlinge schon längstens der strengen Auslese unterlegen.

Entscheidend sind der Lebensraum und seine Bedingungen. Wächst eine Pflanze an einem Ort, an dem nur für eine kurze Zeit günstige Bedingungen herrschen, dann tut sie gut daran, möglichst rasch zu wachsen und neue Samen zu bilden. Bei kleinen Pflanzen geht dies einfacher als bei großen Pflanzen, da bei ihnen nicht so viel Material für den Aufbau des Pflanzenkörpers nötig ist. Eine Pflanze baut ja alle Stoffe mit Hilfe der Sonnenenergie auf. Es ist sicher kein Zufall, dass extrem kurzlebige und kleine Pflanzen in den Wüsten zu finden sind. Wegen den unregelmäßig auftretenden Regenfällen hat sich hier eine Lebensform entwickelt, die in Windeseile den feuchten Boden nutzt, um zu keimen, zu wachsen, zu blühen und Samen zu bilden. Wüsten-Annuellen können mitunter ihren Lebenszyklus innerhalb weniger Wochen abschließen.

Auch das Mäuseschwänzchen wächst an Orten, an denen ein kurzes Leben die beste Überlebensstrategie ist. Die Pflanze braucht feuchten Boden, erträgt aber keine Beschattung oder anderweitige Konkurrenz durch größere Pflanzen. Auch sie nutzt die kurze Zeit im Frühjahr für ihr Wachstum und ihre Vermehrung. Es dürfen aber keine anderen Pflanzen in der Nähe sein, die um Licht und Raum konkurrieren und das Mäuseschwänzchen bedrängen könnten. In einer Wiese oder in einem Wald hätte die Pflanze keine Chancen. Äcker bieten dem zarten Gewächs ideale Wuchsorte, ebenso wie vorübergehend überschwemmte Böden und schlammige Ufer. Kurz und gut, es sind eher unsichere Orte, die weitgehend frei von geschlossener Vegetation sind. Das hat aber ein ziemlich unstetes Leben zur Folge. In einem Jahr kann es sehr viele Pflanzen des Mäuseschwänzchens geben, in einem anderen nur wenige. In einem Bestimmungsbuch heißt es dann zur Häufigkeit, die Pflanze sei »unbeständig und nur vorübergehend«. Das ist das Schicksal so mancher Einjährigen.

Erstaunlich ist, dass ein kleiner Enzian als einjährige Pflanze in den Bergen bestehen kann. Der Schnee-Enzian *(Gentiana nivalis)* erreicht 2.600 Meter Höhe, wo es nachts kalt wird und die Bedingungen zum Wachsen nicht gerade ideal sind. Er ist eine Ausnahme, denn die meisten Alpenblumen sind mehrjährig und überwintern mit ihren Wurzeln, um im nächsten Jahr wieder auszutreiben. In den Alpen hat aber Kleinheit ebenfalls einen

Vorteil. Die Pflanze ist besser gegen das Wetter geschützt und in den Wintermonaten verschwindet die ganze Pflanze unter einer schützenden Schneeschicht.

Pflanzliche Winzlinge sind faszinierend und zeugen vom Einfallsreichtum der Natur. Für jede Situation wird die passende Lösung entwickelt. Wir haben bei den Pflanzen dadurch nicht nur eine enorme Vielfalt bezüglich der Größe, sondern auch hinsichtlich der Lebensspanne. Sie reicht von ein paar wenigen Wochen bei den extrem kurzlebigen Einjährigen bis zu mehreren 1.000 Jahren bei Bäumen.

Die nächste Wildpflanze wächst ebenfalls gerne in Äckern, erzählt aber eine ganz andere Geschichte.

Ackerunkraut ohne Heimat

Kornrade
(Agrostemma githago)

Wustermark, im Juli. Angesichts der vielen Roggenfelder könnte man das Land Brandenburg als die Kornkammer Deutschlands bezeichnen. Wenn der Mohn blüht und seine roten Köpfe zwischen den Roggenstängeln emporstreckt, bleibt so mancher stehen und verewigt die Szene mit seinem Fotoapparat. Mohn ist ein Ackerunkraut, wobei das Wort »Unkraut« wörtlich genommen ein Widerspruch in sich ist, denn die Ackerunkräuter sind durchwegs krautige und nicht holzige Pflanzen. Aber nicht der Mohn soll im Interesse dieses Kapitels stehen, genauso wenig wie die wieder häufiger anzutreffende Kornblume. Unsere Aufmerksamkeit gilt einer stattlichen Pflanze, die ebenfalls in Getreideäckern wächst, aber sehr selten geworden ist: die Kornrade. Das Besondere an ihr ist, dass sie wie die Spatzen dem Mensch gefolgt ist, wo immer er hinzog und seine Felder anlegte. Eine Ackerbegleitpflanze im wahrsten Sinne des Wortes und eine Pflanze, deren Leben vollkommen auf landwirtschaftliche Felder eingestellt ist. Mehr noch, die Kornrade hat sich an die Getreidepflanzen als Nachbarn angepasst und kommt außerhalb der Felder kaum vor. Die Pflanze ist so selten geworden, dass sie am einfachsten in einem Botanischen Garten aufzusuchen ist.

Schlank und hoch

Die Kornrade wird etwa einen Meter hoch. Die ganze Pflanze ist zottig behaart, und die schmalen Blätter laufen allmählich in eine Spitze aus. Ihre Blüten verraten die Zugehörigkeit der Pflanze zu den Nelkengewächsen und stellen mit einem Durchmesser von bis zu fünf Zentimeter einen prächtigen Anblick dar. Schon allein wegen der Farbe, die von purpur bis dunkelrosarot reicht. Zwischen den Blütenblättern ragen lange und schmale Kelchblätter hervor, die von ähnlicher Gestalt wie die Blätter am Stängel sind, nur viel kleiner. Wie beim Mohn überragen die Blüten die Getreidehalme an Höhe; sie tragen ihre Leuchter gleichsam über dem Grasmeer. Das muss so sein, denn Kornrade und Mohn werden von Insekten bestäubt. Würden sich die Blüten zwischen den Halmen verstecken, wären sie viel schwieriger aufzufinden.

Die kräftigen Stängel sind kaum verzweigt. Die ganze Wuchsform ist darauf angelegt, zwischen den Roggen- oder Weizenhalmen nach oben zu wachsen und das Getreide zu übertrumpfen. Mich erinnert die Kornrade an nordamerikanische Präriepflanzen, die im natürlichen Grasland wachsen. Dasselbe Prinzip: schlanke und kerzengerade Pflanzen, unverzweigt, mit einem Büschel von Blüten zuoberst.

Die Vergangenheit der Kornrade

Die Kornrade lebt als Einjährige und zählt zu den Winter-Annuellen, was bedeutet, dass die Samen im Herbst keimen. Ein junges Pflänzchen bildet zunächst eine Blattrosette und bleibt somit dicht am Boden. In dieser Form verbringt die Kornrade den Winter, um dann im Frühjahr ihren Stängel emporzustrecken. Wenn die Fruchtkapseln ausgereift sind, stirbt die ganze Pflanze ab und überlässt das Fortbestehen der Art der nächsten Generation. Das Heranwachsen geht unmittelbar mit ihren Nachbarn am Wuchsort einher. Da Kornraden in Getreidefeldern vorkommen, ist ihre Entwicklung genau auf das Wachstum des Getreides eingestellt, sei dies nun Roggen oder Weizen. Die Pflanze hat sich an das Feld angepasst und ist somit von der Feldbestellung des Menschen abhängig.

Das geht so weit, dass die Pflanze je nach Region und Getreidesorte ein anderes Lebenstempo an den Tag legt und ein anderes Aussehen erlangt. Die Bestände unterscheiden sich nämlich stark in Wuchs und im Zeitpunkt des Aufblühens. Eine Studie aus dem Jahr 1973, als die Pflanze weitaus häufiger war als heute, hatte dies eingehend untersucht und aufgezeigt. Ein Wissenschaftler der »Royal Botanic Gardens Kew« in London reiste durch ganz Europa und sammelte Samen der Kornrade aus verschiedenen Äckern. Im Herbst 1970 säte er sie aus und zog die Pflanzen in einem Gewächshaus heran.

Damit verfolgte Thompson einen klassischen Ansatz, wie er auch heute in der Pflanzenzüchtung und in der Forstwirtschaft zum Zuge kommt. Möchte man verschiedene Herkünfte einer Pflanzenart auf ihre Eigenschaften prüfen, um etwa neue Sorten zu entwickeln, werden sie in einen gemeinsamen Garten oder in einem Gewächshaus gepflanzt und das Wachstum erfasst. Das »gemeinsam« ist von größter Bedeutung, denn alle Pflanzen erfahren genau dieselben Bedingungen an Klima und Bodenverhältnissen. Zeigen sich dennoch Unterschiede im Wuchs zwischen den verschiedenen Herkünften, müssen diese genetisch bedingt sein. Ich selbst hatte während meiner Doktorarbeit einen Versuchsgarten mit der Kanadischen Goldrute angelegt, weil mich interessierte, ob sich Pflanzen in Nordeuropa genetisch von Pflanzen aus dem südlichen Europa unterscheiden würden. Sie taten dies, genauso wie Thompson erhebliche Unterschiede bei seinen Pflanzen fand.

Seine Kornraden blühten zu ganz unterschiedlichen Zeiten auf und erreichten auch unterschiedliche Wuchshöhen. Öffneten die raschesten unter ihnen ihre Blüten bereits 70 Tage nach der Aussaat, brauchten die langsamsten fast 100 Tage – eine Spannweite von etwa einem Monat. Und erst die Wuchshöhen! Pflanzen aus England oder Schweden blieben geradezu kümmerlich im Vergleich zu den stattlichen Pflanzen, die von Samen aus Griechenland oder Portugal stammten. Zweifellos bestanden riesige genetisch bedingte Unterschiede in den verschiedenen Beständen der Kornrade. Wie kommen diese zustande?

Betrachten wir die Geschichte der Kornrade. Die Pflanze ist eng mit der Geschichte des Menschen verknüpft, insbesondere mit dem Sesshaftwerden des Menschen. Experten gehen davon aus, dass die Kornrade bereits im Neolithikum aus dem östlichen Mittelmeerraum nach Mitteleuropa kam, als sich der Feldanbau von Getreide ausweitete. Archäobotaniker hatten in den Sedimenten Schweizerischer Seen Samenreste der Kornrade gefunden, die etwa aus der Zeit von 2.000 v. Chr. stammen. Die

Pflanze ist also schon sehr lange mit dem Anbau von Weizen und Roggen verknüpft und hat sich dabei an die lokalen Bedingungen angepasst.

Hier kommt ein weiterer Aspekt hinzu: Kornraden sind nur aus Getreidefeldern bekannt, von den Pflanzen in Gärten mal abgesehen. Es kann gut sein, dass hier und dort eine Pflanze spontan auftritt, an einem Wegrand oder in der Nähe von Siedlungen. Aber natürliche, vom Menschen weitgehend unbeeinflusste Wuchsorte der Kornrade gibt es nicht, denn sie ist keine herkömmliche Wildpflanze. Niemand weiß, wo sie einst ihre natürliche Verbreitung hatte und in welchen Lebensräumen sie vorkam, bevor der Mensch anfing, Feldbau zu betreiben. Die Kornrade ist eine heimatlose Kulturfolgerin.

Vom Bauer abhängig

Sicher ist, dass ihr Fortbestehen über die Jahrtausende vom Menschen abhing. Die Verbreitung der Samen der einjährigen Kornrade geschah mit dem Dreschen. Sie wurden zusammen mit den Getreidesamen geerntet und mit dem neuen Bestellen eines Felds wieder ausgesät. Ein Lebenszyklus, der nur funktioniert, wenn der Reifezeitpunkt der Samen mit dem Reifwerden des Getreides übereinstimmt. Nur dann können Samen der Kornrade zwischen den Weizen- oder Roggensamen landen und von den Bauern wieder ausgestreut werden.

Man kann davon ausgehen, dass sich die Pflanzen der Kornrade an die jeweilig vorherrschenden Bedingungen in Europa anpassten, da der Mensch unbewusst eine strenge Auslese durchführte. Kornraden mit falschem Entwicklungsschema hatten keine Chance auf Vermehrung. Nur so lassen sich die enormen

Unterschiede erklären, die sich im Gewächshaus des Botanischen Gartens in Kew offenbarten.

Warum ist nun die Kornrade so selten geworden und dies in erstaunlich kurzer Zeit? Drei Verbreitungskarten der Pflanze auf den Britischen Inseln zeigen den dramatischen Rückgang der Art. War sie vor 1930 in ganz Irland und England vorhanden, mit einem Schwerpunkt im südlichen England, zeigt die Verbreitungskarte von 1970 lediglich ein paar wenige Punkte in Südengland. Was war mit der Kornrade geschehen?

Sie wurde Opfer des industriellen Fortschritts in der Agrartechnik, der Modernisierung und Technisierung des Feldanbaus. Im Fall der Kornrade trug in erster Linie die Verbesserung der Saatgutreinigung zu ihrem Rückgang bei, aber auch die Intensivierung der Landwirtschaft und der zunehmende Einsatz von Unkrautvertilgern. Bereits im 18. Jahrhundert gab es Geräte, mit denen sich Getreidesamen von Unkrautsamen und anderen Fremdkörpern trennen ließen. Bei den Techniken Sieben und Schütteln werden die unterschiedlichen Samengewichte der Pflanzenarten oder die unterschiedlichen Samengrößen genutzt, um sie voneinander zu trennen. Ganz nach dem Motto »Die Guten ins Töpfchen, die Schlechten ins Kröpfchen«.

Heute stehen moderne und mobile Anlagen zur Verfügung, die dafür sorgen, dass Bauern nahezu reines Saatgut zum Bestellen ihrer Felder erhalten. Damit verschwanden viele Ackerbegleitpflanzen, so auch die Kornrade. Heute ist sie eine große Seltenheit auf unseren Äckern.

Einst ein gefürchtetes Unkraut

Vielleicht ist dies im Falle der Kornrade aber gar nicht so schlimm, denn die Pflanze ist giftig. Wegen ihrer Samen war sie einst ein gefürchtetes Ackerunkraut, das das Brot verderben konnte. Die Samen enthalten giftige Saponine, welche in früheren Zeiten des Öfteren Vergiftungen von Tier und Mensch verursachten. Brotmehl enthielt mitunter bis zu sieben Prozent Kornrade – kein Wunder, dass viele Menschen daran erkrankten. Die Symptome einer Kornradenvergiftung glichen in ihrer Erscheinungsform der Lepra. Doch wie so oft bei Giftpflanzen war die Kornrade auch eine Heilpflanze.

Zweifelsohne stellt die Kornrade eine besondere Pflanze dar, deren Existenz gänzlich vom Menschen abhängt. Schon fast eine Hauspflanze, die sich kaum selbstständig in der großen weiten Natur halten könnte. Die Loki Schmidt Stiftung in Hamburg hatte im Jahre 2003 die Kornrade zur Blume des Jahres gekürt. Sie sei »stellvertretend für alle Ackerwildkräuter und für eine historische Nutzungsweise der Ackerflächen, die Vielfalt, Eigenart und Schönheit unserer Kulturlandschaft geprägt und visuell-ästhetisch bereichert hat«.

Hinter dem Feld in Wustermark erstreckt sich Wald und bildet eine dunkle Silhouette über dem langsam braun werdenden Getreideacker. Wald ist ein ganz anderer Lebensraum, mit ganz anderen Pflanzenarten und Lebensmodellen. Wir verlassen also den Feldweg und betreten die schattige Welt der Bäume.

IM WALD

Der Strauch, der sich nach den Tropen sehnt

Echter Seidelbast
(Daphne mezereum)

Schwenningen, im März. In den sonnigen Wäldern des Großen Heubergs auf der Schwäbischen Alb fällt im zeitigen Frühjahr, noch vor Laubaustrieb der Bäume, ein Strauch mit rosaroten Blüten auf: Echter Seidelbast. Er ist nur wenig verzweigt und zu dieser Zeit ebenfalls noch blattlos, denn das Laub kommt später. Die Blüten befinden sich meist in Dreiergruppen dicht beieinander direkt auf den Stämmchen. Dank ihnen setzt der bis über einen Meter hohe Strauch einen ganz besonderen Farbakzent in den noch kahlen Wäldern. Nach milden Wintern öffnet der Seidelbast, der humusreichen, nicht zu trockenen Boden bevorzugt, bereits im Februar seine Blüten.

Die Blüten verströmen einen intensiven Duft. Als wohlriechend ist er nicht gerade zu bezeichnen, obwohl eine würzige Note vorhanden ist. Der Strauch blüht in einer Jahreszeit, in der noch nicht viele Insekten aktiv sind – da ist ein starker Duft zum Anlocken der Bestäuber von Vorteil. Die Äußerungen des Schweizer Botanikers Georg Kummer aus dem Jahr 1924 erscheinen aber doch etwas übertrieben. Er schrieb, der »Duft der

Blüten rufe bei empfindlichen Personen leichte Kopfschmerzen, Gereiztheit und bisweilen sogar Nasenbluten hervor«.

Der Echte Seidelbast ist ungewöhnlich. So sind es nicht die Kronblätter, die eine Schauwirkung entfalten, sondern die Kelchblätter. Bei einer Rosenblüte entsprechen sie den kleinen grünen Blättern, aus der die eigentlichen Blütenblätter entspringen. Im Knospenstadium hält der Kelch das Innere wohlbehütet zusammen, bis der richtige Zeitpunkt der Öffnung und Entfaltung gekommen ist. Echte Kronblätter fehlen dem Seidelbast.

Die Pflanze ist giftig, wurde früher aber als Heilpflanze gegen Zahnschmerzen und Hautkrankheiten und als Mittel gegen Läuse genutzt. Sie trägt beinahe unzählige Volksnamen wie Bergpfeffer, Kellerhals oder Warzenblast. Der Echte Seidelbast gesellt sich zu vier weiteren Seidelbast-Arten, die in Deutschland wild wachsend vorkommen und Vertreter der Seidelbastgewächse – eine Familie mit beinahe weltweiter Verbreitung und besonders vielen Arten im Mittelmeerraum sowie in Australien und Afrika – sind. Die Gattung *Daphne* umfasst hingegen nur etwa 50 Arten weltweit.

Eine anatomische Besonderheit

Stellen Sie sich einen Apfelbaum vor, bei dem die Blüten direkt dem Stamm entspringen, etwa einen halben oder ganzen Meter über dem Boden. Wir würden das als sonderbar empfinden, vielleicht eine Viruserkrankung oder eine Missbildung vermuten. Noch grotesker wäre das Bild, wenn der Baum Früchte trüge. Obwohl – zum Pflücken der Äpfel wäre das praktisch. In den Tropen hingegen ist das Phänomen, das Botaniker als Stammblütigkeit oder Kauliflorie bezeichnen, weit verbreitet.

Es kommt nur bei Holzgewächsen vor, also bei Bäumen und Sträuchern. Einige wichtige Nutzpflanzen zeigen das Phänomen. So hängen bei Brotfruchtbäumen die Früchte nicht nur in der Krone, sondern baumeln auch an einem kurzen Stiel am Stamm. Die gelben bis rötlichen Früchte des Kakaobaums werden ebenfalls in der Krone und direkt am Stamm gebildet. Dabei sitzen die ledrigen, bis zu einem halben Kilogramm schweren Kakaofrüchte wie Baumpilze übereinander am Stamm. Auch viele tropische Feigenbäume weisen Stammblütigkeit auf. Bei manchen Bäumen sprießen Blüten sogar direkt am Grund des Stamms, sodass niemand vermuten würde, dass sie zu dem Baum gehören.

Es ist die Position der Blüten und Früchte an einem Holzgewächs, das bei diesem Phänomen so besonders ist. Beim Apfelbaum und allen anderen Bäumen in unserer Flora entwickeln sich Blütenknospen nur an jungen Zweigen, die noch grün oder noch nicht verholzt sind, nicht aber weiter unten an älteren Ästen oder gar am Stamm. Unsere Bäume besitzen hier keine Blütenknospen. Anders bei den stammblütigen Pflanzen: Hier sind Blütenknospen unter der Rinde verborgen und können hervorbrechen. Sehr erstaunlich, wenn man bedenkt, dass die Rinde ein dickes und hartes Gewebe ist, das den Baum vor äußeren Einflüssen schützt.

Alles wegen der Tiere

Natürlich fragten sich Botaniker nach dem Sinn und Zweck von Blüten am Stamm eines Baums. Auffallend ist, dass die Blüten solcher Bäume und Sträucher ausnahmslos von Tieren bestäubt werden. Auch die Früchte, die bei manchen tropischen Arten

ziemlich groß werden, richten sich an Tiere, die sich von den Früchten ernähren und dabei die Samen verbreiten. Blüte und Frucht gehören zusammen wie Tag und Nacht, und die meisten Pflanzenarten benutzen Tiere, um die Samenverbreitung zu gewährleisten. Blütenbesucher übertragen den Pollen von einer Blüte zur anderen und sorgen so für die Bestäubung. Als Lockmittel dienen Nektar und überschüssiger Pollen. Fleischige Früchte sind absichtlich bereitgestelltes Tierfutter und zielen auf die Verbreitung der Samen ab. Man spricht von Verdauungsausbreitung, wenn Vögel etwa die roten Beeren des Vogelbeerbaums pflücken. Das Fruchtfleisch wird verdaut und die Samen werden anschließend unbeschadet ausgeschieden.

Nun gibt es in den tropischen Regenwäldern die unterschiedlichsten Tiere, die Blüten aufsuchen und Nektar schlürfen. Sind es bei uns nur Insekten, gesellen sich in den Tropen auch Blumenfledermäuse und Vögel als Bestäuber hinzu. Am bekanntesten sind die Kolibris der Neuen Welt, in den Tropen der Alten Welt sind es Nektarvögel und Honigfresser, die von Blüte zu Blüte fliegen. Zur Samenverbreitung tragen neben Vögeln auch Fledermäuse und Säugetiere bei. Was aber hat dies alles mit Stammblütigkeit zu tun?

Der amerikanische Evolutionsbiologe und Botaniker George Ledyard Stebbins (1906–2000) vermutete einen Zusammenhang zwischen der Verteilung von Insekten in einem Regenwald und dem Verhalten samenverbreitender Tiere. In einem tropischen Regenwald, einer der komplexesten und artenreichsten Lebensräume überhaupt, leben viele verschiedene Insektenarten auf verschiedenen Stockwerken, auch flugfähige sind unter ihnen. Manche Arten halten sich in der Nähe des Bodens auf, andere bewohnen ausschließlich den Kronenbereich der Bäume. Blüten am Stamm seien für bodennahe Bestäuber gedacht, so Stebbins. Zudem gäbe es in den Tropen bestäubende Tiere, die sich gut festhalten müssen, während sie in der Blüte nach Nektar suchen. Das ist bei Blüten an einem Stamm oder Ast einfacher als an einem dünnen Zweig. Blüten sind meist filigrane Gebilde, auf denen nur leichte Tiere landen können, ohne Schaden anzurichten. Anders als Kolibris und viele Falter, die den Schwirrflug perfekt beherrschen, können einige Blumenfledermäuse und Vögel nicht im Stehflug vor einer Blüte schweben. Manche Honigfresser sind stattliche Vögel, die sich an Zweigen und Ästen festkrallen und sich vom Stand aus an einer Blüte bedienen. Oder können Sie sich eine Amsel vorstellen, die auf einer Tulpenblüte landet?

Fast noch wichtiger aber seien die Früchte. Wenn kleine Säugetiere auf Nahrungssuche gehen, klettern sie in den Bäumen herum, halten sich aber stets gut fest. Hier sind Früchte am Stamm und auf den dicken Ästen viel leichter erreichbar als Früchte im Kronenbereich. Das gilt auch für große Vögel, die Früchte pflücken. Ob Stebbins Ideen richtig sind, werden wir nie beweisen können, an der Faszination des Phänomens ändert dies aber wenig.

Spuren der Vergangenheit

Auch beim Seidelbast entspringen die Blüten direkt dem Stamm oder Ast, auch wenn er nur ein Strauch ist. Die Stammblütigkeit zeigt sich zur Fruchtreife besonders schön, wenn kleine scharlachrote Beeren unterhalb der Blätter an den Stämmchen kleben.

Warum aber macht der Seidelbast dies? Die Blüten werden wie andere Blüten auch von Faltern und Bienen besucht. Deswegen brauchen sie nicht am Stämmchen des Strauchs zu sitzen. Bachstelzen, Drosseln und Rotkehlchen verzehren die Früchte – dazu brauchen auch diese nicht am Stamm angebracht zu sein. Die Beeren sind übrigens für Mensch und Säugetier äußerst giftig, für Vögel hingegen nicht. Der schwedische Naturforscher Carl von Linné (1707–1778) meinte, dass man »mit sechs Beeren einen Wolf töten könne«.

Doch zurück zur Stammblütigkeit des Seidelbasts. Die Gründe sind kaum zu erraten. Möglicherweise steckt die Veranlagung einfach in den Genen, denn die Familie der Seidelbastgewächse ist mit zahlreichen Arten auch in den Tropen zu Hause. Bei Arten wie dem Baum *Phaleria capitata* sprießen die langen und weißen Blüten auch am Stamm. Möglicherweise ist das Verhalten des Seidelbasts ein Relikt aus seiner langen Vergangenheit und seiner Stammesgeschichte. Schließlich herrschten auch in Europa vor Millionen von Jahren, bevor die Eiszeiten zu einer Abkühlung führten, tropische Verhältnisse.

In unseren Wäldern gedeiht noch eine andere Reminiszenz an das längst vergangene Tropenklima, der Efeu. Er bildet zum einen eine Ausnahme, weil er eine Liane, eine verholzende Kletterpflanze, ist – ein alter Efeu kann armdicke Stämme entwickeln. Diese Lebensform wird bei uns nur von wenigen Pflanzenarten verwirklicht; die Waldrebe ist neben dem Efeu die bekannteste Art. Zum anderen trägt Efeu immergrünes Laub. Das ist ganz und gar außergewöhnlich für ein Holzgewächs der gemäßigten Zone, wo strenge Winter herrschen oder zumindest geherrscht haben. Unsere Laubbäume werfen ihre Blätter im Herbst ab, da sie Frost nicht ertragen würden. Die Nadelbäume bleiben zwar während der kalten Jahreszeit grün, sind aber ohnehin eine ganz andere Gruppe von Pflanzen.

Efeu gehört einer Familie an, die in unserer Flora durch keine andere Art vertreten ist, nämlich den Araliengewächsen. Die meisten Arten dieser Familie sind tatsächlich tropisch. So ist Efeu ein letzter Mohikaner, ein einsamer Angehöriger einer einst weit verbreiteten Pflanzenfamilie.

So verkörpern Efeu und Echter Seidelbast zwei Pflanzenarten, die seit Millionen von Jahren nach dem Tertiär immer noch etwas Tropisches an sich haben. Eine Reminiszenz an die Dinosaurierzeiten und eine Erinnerung an die Zeiten, in denen es bei uns feucht und heiß war. Der Seidelbast hat ein Markenzeichen dieser Verhältnisse bis in die Gegenwart bewahrt.

Gender-Fragen bei Bäumen

Silber-Weide
(Salix alba)

Rust, im April. Ein strahlend schöner Tag bricht im Naturschutzgebiet Taubergießen an. Die vielen Altarme zeugen von der einst weit verbreiteten Auenlandschaft des Rheins. Mächtige Silber-Weiden säumen den Fluss und seine Nebenarme. Von den vielen verschiedenen Weiden-Arten wächst die Silber-Weide zu Bäumen von über 20 Meter Höhe heran und ist damit unsere größte Weiden-Art. Die langen und schmalen Blätter tragen im frischen Zustand einen seidigen Haarpelz, daher der Name. Die Bäume stehen gerade in voller Blüte. Ein Summen erfüllt die Luft, Tausende von Bienen sind am Werk und nutzen die reichlich vorhandene Nahrungsquelle, denn zu Beginn der Saison ist das Blütenangebot noch nicht sehr reichhaltig.

Schon mancher Spaziergänger hat Zweige mit den beliebten Weidenkätzchen mit nach Hause genommen und in eine Vase gestellt. Bei der Silber-Weide sind die Kätzchen von schlanker und zylindrischer Gestalt, erreichen etwa sieben Zentimeter Länge und stehen aufrecht an den Zweigen.

Solch ein Kätzchen ist ein Blütenstand, eine Ansammlung kleiner und unscheinbarer Blüten. Bei den Weiden werden nicht einzelne Blüten zur Schau gestellt, sondern die geballte Kraft unzähliger Blüten, wie bei einem Kronleuchter mit zahlreichen Birnen. Die Weidenkätzchen bergen aber ein Geheimnis.

Getrennte Geschlechter

Schauen wir uns mehrere Bäume der Silber-Weide genauer an. Bei den einen sehen die Kätzchen gelb aus, weil zahlreiche Staubblätter herausbaumeln und Blütenstaub offerieren. Bei anderen Bäumen fehlen Staubblätter vollkommen, stattdessen zeigen sich grüne Kegel in den Blütenständen, wie kleine Vasen, mit einer Antenne obenauf. Das sind die Fruchtknoten mit den Narben, die den Pollen auffangen. Man findet stets nur Bäume vor, die entweder Kätzchen mit Pollen oder Kätzchen mit Fruchtknoten tragen; beides zusammen auf einem Baum kommt nicht vor. Dies ist nicht nur bei der Silber-Weide der Fall, sondern auch bei allen anderen Weiden-Arten.

Kein Zweifel, Weiden sind getrenntgeschlechtig. Das bedeutet, dass es bei ihnen wie bei den Säugetieren Männchen und Weibchen gibt. Botaniker sprechen von Zweihäusigkeit, das Geschlecht ist gleichsam auf zwei Häuser verteilt.

Neben den Weiden-Arten sind noch viele weitere Pflanzenarten zweihäusig, wie Hopfen, Hanf oder Ginkgo. Von allen Blütenpflanzen-Arten der Welt sind es aber dennoch nur wenige, die den Weg der Getrenntgeschlechtigkeit entwickelt haben, etwa fünf Prozent. Die meisten Arten finden sich bei Bäumen und Sträuchern.

Der Mechanismus der Zweihäusigkeit scheint also keine Erfolgsstory der Evolution zu sein, sonst gäbe es viel mehr dieser Arten. Lässt sich das tatsächlich daraus schließen? Es könnte sich ja auch um ein stammesgeschichtlich junges Phänomen handeln, das in der Pflanzenwelt noch nicht weit um sich gegriffen hat. Doch der Ginkgo entkräftet das Argument schnell. Der Baum des Lebens ist ein prominenter und zudem uralter Zweihäusiger, von dem ebenfalls männliche und weibliche Exemplare existieren. Wenn ein lebendes Fossil das Prinzip der Geschlechtertrennung kennt, kann es sich nicht um ein modernes Phänomen handeln! Die weiblichen Bäume des Ginkgos fallen übrigens negativ auf und werden in öffentlichen Parks nicht gerne gepflanzt, da die Früchte einen intensiven und unangenehmen Geruch, der an ranzige Butter erinnert, verströmen.

Man mag sich fragen, was der Vorteil dieses Prinzips der Fortpflanzung ist, denn rein wirtschaftlich betrachtet, bedeutet Zweihäusigkeit für eine Pflanzenart, dass nur die Hälfte der Individuen eines Bestands – die weiblichen Pflanzen – Samen bilden können und zur Vermehrung beitragen. Die männlichen Pflanzen produzieren freilich den Blütenstaub, der zur Befruchtung notwendig ist, mehr tragen sie aber nicht zur Samenverbreitung bei. Sie brauchen jedoch genauso viel Energie und organische Substanz, um den Pflanzenkörper aufzubauen, wie die weiblichen Individuen. Eigentlich eine Verschwendung von Ressourcen.

Der Nachteil der Zwitter

Pflanzen mit zwittrigen Blüten sind da effizienter, weil alle Individuen Samen bilden und verbreiten können. Die meisten Pflanzenarten bilden sowohl Staubblätter als auch Fruchtkno-

ten in ihren Blüten, sie beherbergen also beide Geschlechter. Besonders schön zeigt sich dies bei den Gartentulpen oder den vielen Lilien-Sorten, bei denen sechs dicke Staubbeutel auf dünnen Stielen das Pulver entlassen. Sie stehen in einem Kreis um den Fruchtknoten herum, der in der Mitte der Blüte thront und auf dem die sogenannte Narbe, ein klebriges Gewebe, das die Pollenkörner auffängt, sitzt. Im Innern eines Fruchtknotens befinden sich ein oder mehrere Eizellen, das weibliche Geschlecht. Ein Pollenkorn, das auf der Narbe landet, keimt aus und ein dünner Schlauch wächst durch den Fruchtknoten hindurch bis zur Eizelle. Daraufhin verschmilzt der Inhalt des Pollenschlauchs mit der Eizelle und die Befruchtung ist erfolgreich. Jetzt kann sich der Samen entwickeln.

Zwittrige Blüten haben jedoch einen Nachteil: die Gefahr der Selbstbestäubung, also der Inzucht, und die damit verbundenen negativen Auswirkungen auf den Fortpflanzungserfolg. Es braucht nicht viel und schon ist der eigene Pollen auf dem Fruchtknoten. In einer Tulpenblüte und bei vielen anderen Blüten stehen die Staubbeutel ja in unmittelbarer Nähe der Narbe – oftmals weniger als einen Millimeter voneinander entfernt. Genau aus diesen Gründen haben Pflanzen mit zwittrigen Blüten eine Reihe von Mechanismen entwickelt, um Selbstbestäubung zu verhindern. Im einfachsten Fall ist der eigene Pollen nicht kompatibel mit dem Fruchtknoten, das heißt, er keimt einfach nicht. Andere Pflanzen wenden mechanische Lösungen an, um die Wahrscheinlichkeit der Selbstbestäubung herabzusetzen. Bei manchen sind etwa die Staubblätter viel länger oder viel kürzer als die Narben, oder die Blüte lässt zunächst die Staubblätter reifen und erst etwas später die Narben. Sie durchläuft also erst eine männliche Phase, anschließend eine weibliche. Eine solche zeitliche Geschlechtertrennung zeigt etwa der Kleine Wiesenknopf, der in Magerwiesen wächst. Bei dieser Pflanze lässt sich noch etwas anderes beobachten, das ebenfalls mit Geschlechtertrennung zu tun hat. Die unteren Blüten in dem kugeligen Blütenstand sind nur männlich, die oberen Blüten nur weiblich, und dazwischen liegt ein Band zwittriger Blüten. Eine verzwickte Angelegenheit – welchem Geschlecht gehört jetzt der Kleine Wiesenknopf an? Bei Pflanzenarten gibt es alle möglichen Kombinationen und Übergangsformen; die Vielfalt ist viel größer als im Tierreich. Pflanzenarten, bei denen die einzelnen Individuen sowohl männliche als auch weibliche Blüten tragen, ob mit zusätzlichen Zwitterblüten oder nicht, sind überaus häufig.

Sind Männchen und Weibchen verschieden?

Die beste Lösung, um Selbstbestäubung von vorneherein auszuschließen, wäre eine vollständige Geschlechtertrennung, bei der Pollen und Fruchtknoten auf verschiedene Individuen verteilt sind. Das ist bei den zweihäusigen Pflanzenarten der Fall. Hier kann nur noch Fremdbestäubung stattfinden, denn der Pollen eines Baums muss einen anderen Baum erreichen, egal, ob durch Wind, Bienen oder andere Insekten.

Ich erwähnte bereits, dass Pflanzen mit Männchen und Weibchen eher die Ausnahme sind. Bei der Silber-Weide sehen die männlichen Bäume genauso aus wie die weiblichen Bäume. Ist es gewagt zu fragen, ob bei zweihäusigen Pflanzen ein Geschlechtsdimorphismus wie bei gewissen Tieren existiert? Der komplizierte Ausdruck meint nichts anderes als die bekannte Tatsache, dass bei vielen Tierarten die Weibchen ganz anders aussehen als die Männchen. Dies ist bei vielen Vögeln, Insekten und anderen wirbellosen Tieren zu beobachten. Entweder sind die Männchen größer und kräftiger oder die Weibchen. Die Männchen können auch auffallend farbig gezeichnet sein im Gegensatz zu den weiblichen Tieren oder umgekehrt. Ein extremer Geschlechterunterschied besteht bei den Anglerfischen, bei denen die Männchen geradezu winzig sind und sich an den Weibchen festheften.

Gewisse Pflanzenarten zeigen einen geradezu frappanten Geschlechtsdimorphismus. Beispielsweise eine tropische Orchidee namens *Catasetum barbatum* aus dem Regenwald Südamerikas. Die Blüten der männlichen und weiblichen Pflanzen sehen so verschieden aus, dass ursprünglich weibliche und männliche Pflanzen für zwei verschiedene Arten gehalten wurden. Die männlichen Blüten, deren unterer Teil helle und zottelige Haare trägt, bestehen aus mehreren Blütenblätttern von länglicher Gestalt, grünlich mit purpurnen Flecken. Die weiblichen Blüten aber gleichen einer Mönchskapuze. Ein Hohlraum steht über drei lappenförmigen Blütenblättern und lädt die Besucher – im Fall dieser Orchidee sind es ausschließlich Prachtbienen – ein. Man mag sich fragen, wie solch unterschiedliche Blütenformen ein und derselben Art im Laufe der Stammesgeschichte zustande kamen. Sicher hat dies mit der Bestäubung zu tun. Nicht ganz so extrem, aber immer noch einen auffallenden Unterschied zwischen männlichen und weiblichen Blüten zeigt das Breitblättrige Pfeilkraut. Die männlichen Individuen dieser nordamerikanischen Pflanze, die bei uns manchmal verwildert auftritt, bilden größere Blüten als die Weibchen und insgesamt stehen mehr Blüten am Stängel. All diese Unterschiede hängen natürlich mit der Bestäubung durch Insekten zusammen. Vielleicht sind einfach mehr Blüten mit Pollen in einem Bestand notwendig, um die weiblichen Blüten erfolgreich zu befruchten.

Unterschiede zwischen männlichen und weiblichen Pflanzen ein und derselben Art betreffen aber nicht nur die Blüten. Im südlichen Afrika gedeiht zwischen Felsen eine Art von Silberbäumen mit dem wissenschaftlichen Namen *Leucadendron rubrum*. Es ist kein Baum, sondern ein Strauch, dessen männliche Pflanzen viel kleinere Blätter haben als die weiblichen Pflanzen. Auch die Blüten zeigen Größenunterschiede. Wer die beiden Geschlechter der Pflanze nebeneinander sieht, würde nie vermuten, dass sie zur selben Art gehören! Die Blüten werden durch den Wind bestäubt; das Anlocken von Insekten als Grund für Geschlechterunterschiede bei den Blüten fällt also weg.

Wenn das Geschlecht einerlei ist

Für manche Pflanzen scheint die Geschlechtertrennung keine besondere Bedeutung zu haben. Es ist ja erstaunlich, wie erfolgreich die aus Amerika stammende Kanadische Wasserpest unsere Gewässer besiedelt hat. Auch sie ist eine zweihäusige Pflanze, in Deutschland leben aber nur weibliche Exemplare, die niemals Samen bilden können. Bei einer anderen Wasserpflanze, der eher seltenen Wasserschraube – auch sie ist nicht heimisch und stammt aus dem tropischen Amerika –, ist es genau umgekehrt, bei uns sind nur männliche Pflanzen vorhanden. Wie schaffen es die partnerlosen Pflanzen dennoch, sich zu vermehren und zu verbreiten? Beide Wasserpflanzen neigen zur ungeschlechtlichen Vermehrung, bei der der Stängel auseinanderbrechen kann und die einzelnen Stücke leicht wieder austreiben und zu neuen

Pflanzen heranwachsen. Für die Kanadische Wasserpest scheint dieser Mechanismus zu genügen, denn in England wucherte das Unkraut im 19. Jahrhundert so stark, dass schiffbare Kanäle förmlich verstopft wurden.

Zurück zu den Weiden. Mit über 500 Arten weltweit sind sie eine der erfolgreichsten Baumgattungen. Zumindest für sie hat Geschlechtertrennung einen Vorteil gebracht.

So zählen unsere Weiden und ein paar weitere Pflanzenarten zur außergewöhnlichen Gruppe der Zweihäusigen. Es sind Ausnahmeerscheinungen, auch wenn sie bei uns nicht so spektakulär auftreten wie in anderen Ländern. Im nächsten Kapitel geht es ebenfalls um Blüten, jedoch nicht um Fragen der Geschlechterforschung. Das Gewächs weist eine ganz andere Besonderheit auf.

Das Gewächs, das seine Blüten versteckt

Haselwurz
(Asarum europaeum)

Blaubeuren, im März. Ein dichter Wuchs von Blumen überzieht den Waldboden in der Umgebung des kleinen Städtchens. Die Laubwälder stehen auf kalkreichen Böden, die ganze Gegend ist von Höhlen durchzogen. Hier findet sich auch der Blautopf, eine weltberühmte Karstquelle. Wir bleiben aber über der Erde und schauen uns in den Wäldern, in denen die Buche die vorherrschende Baumart ist, um. Jetzt im März sind die Bäume noch kahl und das Herbstlaub vom Vorjahr deckt den Boden manchmal immer noch zu. An manchen Wegrändern bildet aber Lerchensporn einen einzigen grünen Teppich, auf dem lila Blüten dicht an dicht stehen. An anderen Stellen blühen Buschwindröschen oder Scharbockskraut. Während der paar wenigen Wochen, in denen die Bäume noch kein Laub haben und die warme Sonne den Boden erreicht, wachsen die Frühjahrsblüher rasch heran und fruchten, bevor es wieder schattig und kühl wird.

Unter die verschiedenen Blätter und Stängel der üppigen Vegetation mischt sich eine unscheinbare Pflanze, die auf den ersten Blick leicht mit Efeu verwechselt werden kann. Nichts an dem Kraut ist auffällig. Die nierenförmigen Blätter der Haselwurz sind zwar etwas anders geformt als die des Efeus, aber auch sie glänzen stark und sind von sattem Dunkelgrün. Sie verstecken sich im braunen Buchenlaub auf dem Boden. Die Pflanze ist niedrig wachsend, die gestielten Blätter werden kaum höher als fünf bis zehn Zentimeter. Den Stängel muss man suchen, denn er kriecht auf dem Boden, statt sich in die Höhe zu strecken, und wird von den Blättern verdeckt.

Wo sind denn die Blüten?

Die meisten Waldbesucher beachten das Gewächs nicht, selbst für Naturfotografen bietet es kein aufregendes Motiv. Keine auffallend geformten Blätter oder gar bunt gefärbte Blüten.

Wer die geheimnisvollen Blüten zu Gesicht bekommen möchte, muss sich zur Pflanze knien, vorsichtig die Blätter auseinanderspreizen und das Laub entfernen. Dann wird er das Wunder erblicken: Dicht auf dem Boden liegen rostbraune Blüten von länglicher Gestalt, kaum länger als ein Fingernagel. Außen sind sie stark behaart, innen dunkelpurpur gefärbt. Die drei Zipfel der Blüte sind an ihren oberen Enden verbunden, sodass lediglich Schlitze den Zugang ins Blüteninnere ermöglichen. Die Blüten verströmen einen ungewohnten, pfefferartigen Geruch, und auch die zerriebenen Blätter riechen und schmecken nach Pfeffer. Vielleicht trägt die Pflanze deswegen Volksnamen wie Hexenrauch oder Wilder Pfeffer?

Warum verstecken sich die Blüten unter den Blättern und zwischen dem Laub? Blüten sollten eigentlich auffallen, farbig und von weither sichtbar sein, damit Bestäuber sie auch leicht

finden können. Idealerweise sind sie auf Stängeln befestigt, wie Laternenlampen, und nicht halb im Boden vergraben. Wenn etwa Mohn und Kornblume in den Roggenfeldern blühen, überragen die roten und blauen Blüten die Halme des Getreides, damit sie auch von Bienen und anderen Besuchern gesehen werden.

Die Haselwurz ist in der Tat ein Sonderfall, eine Ausnahmeerscheinung der heimischen Flora. Das zeigt sich auch daran, dass es bei uns nur eine Art der Gattung *Asarum* gibt, eben die Haselwurz. Die Familie, zu der das Gewächs gezählt wird – die Osterluzeigewächse – ist hingegen für ausgefallene Blütenformen bekannt. So ist es gar nicht weiter erstaunlich, dass die Haselwurz in Sachen Bestäubung einen anderen Weg beschreitet als die bekannten Blumen aus Feld, Wald und Wiese.

Wer sind die Bestäuber?

Natürlich stellt sich die Frage, wer die Blüten aufsucht und bestäubt. Irgendjemand muss diesen Dienst verrichten, sonst würde die Haselwurz keine derartigen Blüten hervorbringen. Würden wir nicht erwarten, dass es sich um Tiere handelt, die auf dem Boden leben? Bodenbewohnende Kleinlebewesen wie Spinnen, Milben oder Käfer? Dass Schmetterlinge oder Hummeln sich nicht für die Haselwurz interessieren, liegt wohl auf der Hand. Es wäre viel zu umständlich, sich einen Weg durch das Laub zu bahnen, um an die Blüten heranzukommen. Sind es Schnecken? Die Idee ist gar nicht so abwegig. Indische Wissenschaftler haben an einer bestimmten Pflanze nachgewiesen, dass kleine Schnecken die Blüten aufsuchen, am Pollen naschen und ihn per Schneckenpost von einer Blüte zur anderen übertragen. Für Käfer sind die Blüten der Haselwurz nicht passend, denn Käferblüten sind meist offen und leicht zugänglich.

Doch Blüten auf der Erde bedeutet nicht unbedingt, dass sie nur von krabbelnden Tieren aufgesucht werden. Es können auch durchaus flugfähige Insekten sein, die sich aus den Lüften zu einer bodennahen Blüte herablassen. Beim Pfennigkraut liegen die gelben Blüten ebenfalls direkt am Boden auf und dennoch werden sie von Wildbienen und Fliegen aufgesucht. Allerdings wächst das Pfennigkraut an offenen Stellen, wo es sich ohne von Nachbarpflanzen zugedeckt zu werden voll entfalten kann. Zudem sind die Blüten des Pfennigkrauts offen und leicht zugänglich. Die Blüten der Haselwurz aber scheinen wählerisch zu sein. Ich hatte oben schon erwähnt, dass die drei Zipfel zusammengeschlagen sind, dadurch ist der Zugang zu den Blüten für große Insekten versperrt.

Auch bei der Haselwurz sind es durchaus flugfähige Insekten, die sich von ihr angezogen fühlen. Allerdings stellt die Klientel eine besondere Gruppe dar, nämlich Pilzmücken.

Getäuscht und betrogen

Diese kleinen Insekten sind in Europa mit etwa 1.000 verschiedenen Arten vertreten. Ihr Kopf liegt etwas tiefer als der Mittelteil des Körpers, was den Eindruck eines Wesens mit Buckel erweckt. Ansonsten sehen sie etwa wie Stechmücken aus. Pilzmücken leben an schattigen und kühlen Orten, wo es das ganze Jahr über feucht ist. Moosige Stellen im Wald oder feuchte Steine entlang eines Bachs sind bevorzugte Aufenthaltsorte. Manche Arten sind eigentlich Höhlenbewohner und meiden das helle Tageslicht, andere machen sich an lauen Sommerabenden bemerkbar, wenn die Männchen dichte Schwärme bilden. Die Larven der meisten Pilzmücken ernähren sich von Pilzen, daher auch der Name. Dabei stehen auch höchst giftige Pilze auf dem Speiseplan.

Das bringt uns zur Haselwurz zurück. Mücken, die gerne im schummrigen Licht wandeln, werden kaum Blüten in der prallen Sonne aufsuchen. Dies würden sie ohnehin nicht tun, da sich Pilzmücken weder für Nektar noch für Blütenstaub interessieren.

Die Haselwurz lockt mit einem spezifischen, pilzähnlichen Geruch die kleinen Mücken an. Nur deswegen finden die Insekten den Weg zu den versteckten Blüten. Sie werden von der Haselwurz getäuscht, denn die Blüte gibt sich als Pilz. Die Mücken kriechen ins Innere der Blüte, krabbeln herum, inspizieren dieses so vertraut riechende, aber doch fremdartige Gebilde und übertragen dabei ungewollt den Pollen von einer Blüte zur anderen. Mehr noch, weibliche Pilzmücken legen oftmals Eier in den falschen Pilzen ab; dass die Larven verhungern, ist der Haselwurz vollkommen egal.

Somit stellt die Haselwurz einen einzigartigen Fall von Fliegen-Täuschblumen in unserer Flora dar – Fliegen, weil Pilzmücken zoologisch gesehen auch zu den Fliegen gehören. Keine andere Blütenpflanze in Mitteleuropa weist diesen Bestäubungsmechanismus auf. Man muss schon ans Mittelmeer oder in ferne Länder reisen, um weitere Arten zu finden, die Fliegen zur Bestäubung ausnutzen, ohne sie zu belohnen. Auf den Balearen und auf Sardinien etwa kann die Fliegenfressende Schlangenwurz angetroffen werden, die mit ihren fleischfarbenen Blüten und entsprechendem Geruch einen Tierkadaver vorgibt. Auch hier lassen sich Fliegen täuschen und legen ihre Eier auf den Blüten ab.

Eine findige Familie

Ich hatte oben erwähnt, dass die Familie der Osterluzeigewächse, zu denen die Haselwurz gehört, für absonderliche Blüten bekannt ist. Die Familie ist bei uns mit nur zwei einheimischen Arten vertreten. Neben der Haselwurz gehört die Osterluzei, die bevorzugt in Weinbergen und an warmen Hängen wächst, dazu. Ihre gelben Blüten sehen wie kleine Saxophone aus und wirken als Kesselfalle. Kleine Insekten krabbeln in die Blüte hinein, können aber wegen rückwärts gerichteter Haare nicht mehr heraus; erst nach einiger Zeit, wenn die Bestäubung vollzogen ist – hoffentlich bringen die Insekten Pollen mit – beginnen die Haare zu verwelken und die Bestäuber werden entlassen. In Griechenland fällt die Kretische Osterluzei auf, deren Blüten bräunlich gefärbt und innen auffallend stark behaart sind. Sie weisen dieselbe Form auf und stehen direkt auf dem Boden – wer weiß, welche Insekten hier hineinkriechen?

Die meisten Arten der Osterluzeigewächse kommen in Mittel- und Südamerika vor. Die Familie hat ein weiteres Gewächs hervorgebracht, deren Blüten einen Pilzduft verströmen und in deren großen Blüten sogar die Attrappe eines Hutpilzes steht: die Baumartige Pfeifenblume *(Aristolochia arborea)*. Sie wächst in den tropischen Regenwäldern Mittelamerikas und ihre Blüten imitieren einen Pilz auf verblüffend echte Art und Weise.

So bedienen sich die südamerikanische Pfeifenblume und die europäische Haselwurz desselben Prinzips und führen ihre Bestäuber an der Nase herum.

Ist die Haselwurz verblüht, zeigt sich bald eine weitere Besonderheit des Gewächses. Die Pflanze erweckt den Eindruck, als hätte sie im Laufe ihrer Stammesgeschichte eine Vorliebe für

Extravaganzen entwickelt. Die Samen werden nämlich nicht einfach verstreut, sondern sind so eingerichtet, dass sie von Ameisen verbreitet werden. Dieses Phänomen ist in unserer Flora eher die Ausnahme. Die Samen der allermeisten Blütenpflanzen werden durch den Wind verbreitet wie beim Ahorn oder durch Vögel wie bei den Beeren zahlreicher Sträucher und Bäume. Ameisenverbreitung ist selten und die Samen benötigen dazu ein gewisses Etwas. An jedem Samen klebt ein Stück besonderes Gewebe, das als Ameisenköder wirkt. Ein gefundenes Fressen für die kleinen Sechsbeiner, und genau darin besteht der Mechanismus – von Absicht der Pflanze möchte ich jetzt nicht sprechen. Selbstverständlich sind die Samen der Haselwurz klein, andernfalls würden Ameisen sie nicht forttragen können. Die Ameisen schleppen die Samen samt Anhängsel in ihr Nest und trennen das Futtergewebe ab, um sich selbst oder die Larven damit zu ernähren. Die Samen werden entweder als Abfall aus dem Bau gebracht oder bleiben, wo sie sind. So oder so, die Haselwurz hat ihre Samen verbreitet und wenn auch nur einige von ihnen keimen und heranwachsen, hat sich der Aufwand gelohnt.

Vom Boden in den Boden

Die Haselwurz legt ihre Blüten auf dem Boden an. Gibt es vielleicht sogar Pflanzen mit unterirdischen Blüten? Und tatsächlich, die Natur scheint alles Denkbare verwirklicht zu haben. Im Westen Australiens wächst eine bizarre Orchidee, die ihr gesamtes Leben im Boden verbringt. *Rhizanthella gardneri* ist eine parasitische Pflanze wie unsere Sommerwurz-Arten oder der Fichtenspargel, dem wir bereits begegnet sind; sie ist unfähig zur Fotosynthese. Auch die australische Orchidee zapft einen Pilz an, der in Symbiose mit den Wurzeln eines Strauchs lebt. Die Blüten werden unterirdisch angelegt und öffnen sich ein paar Zentimeter unter der Erdoberfläche. Niemand sieht sie von oben. Dabei bieten sie einen prächtigen Anblick, denn etwa 50 kleine, weiß und violett gefärbte Orchideenblüten vereinen sich in einem Blütenstand, der von weißen und zarten Blättern umgeben ist. Wer bestäubt die Blüten, und wie? Das bleibt ihr Geheimnis.

In krassem Gegensatz zu Haselwurz und australischer Orchidee steht die Pflanze, die uns als Nächstes beschäftigen wird. Ihre Blüten scheinen ganz normal, weisen aber eine andere Besonderheit auf.

Der Feuerbusch

Diptam

(Dictamnus albus)

Reinstädt, im Juni. Unweit des kleinen Dorfs in Thüringen erhebt sich der Schönberg mit markanten Steilhängen und orchideenreichen Wiesen. Unsere Aufmerksamkeit gilt aber einer stattlichen Staude mit einer Höhe von einem halben bis über einen Meter und großen rosaroten Blüten. Manche meinen, der Diptam habe die schönsten Blüten von allen einheimischen Gewächsen, aber die Geschmäcker sind bekanntlich verschieden. Klar ist, dass der Diptam eine sehr außergewöhnliche Pflanze darstellt. Er fällt sofort auf, vor allem, wenn er einen ganzen Waldsaum besiedelt hat und seine großen Blüten sich öffnen. Die Blütenblätter sind mit einem kurzen Schaft in der Blüte verankert und im Gegensatz zu vielen anderen Blumen stehen sie frei. Jedes der fünf Blütenblätter ist mit dunkelpurpurnen Strichen gezeichnet. Die langen Staubblätter sind ebenfalls rosarot gefärbt und strecken sich etwas nach unten, bevor sie in einem steilen Bogen nach oben schauen; am Ende eines jeden sitzt der dicke Staubbeutelsack. Der Diptam ist eine exotische und anmutige Erscheinung!

Die Pflanze wächst am liebsten in lichten und warmen Wäldern, auf mageren Böden, wo die übrige Vegetation nicht so dicht heranwächst und die Pflanze verdrängt. Diptam kommt hauptsächlich im südlichen Deutschland vor, im Norden ist es ihm zu kalt. Sein weltweites Verbreitungsgebiet erstreckt sich bis nach Asien. Ich lernte den Diptam als Student auf einer botanischen Exkursion in die Elsässer Hard kennen, ein trockener und lichter Eichenwald auf der französischen Seite des Rheintals. Eine topfebene Umgebung, mit einer reichen Flora im Unterwuchs. Außer Diptam wuchsen hier viele Paradieslilien und Orchideen.

Beim Diptam sind mehrere Dinge bemerkenswert. Zunächst einmal die einzigartige Position der Art im System der Pflanzenfamilien und die Tatsache, dass eine zündende Aurora den Busch umgibt. Beides hat miteinander zu tun. Auch zur Fruchtzeit macht sich der Diptam bemerkbar – im wahrsten Sinne des Wortes! Die Pflanze macht Krach, wenn die Fruchtkapseln mit einem lauten Knall aufplatzen. Die Früchte bestehen aus fünf miteinander verwachsenen Teilen und trocknen während der Reife aus. Dabei entstehen Spannungen an den Nähten, bis es soweit ist und die Nähte platzen. Die Samen werden dann ein bis zwei Meter weit weggeschleudert.

Eine ölige Familie

Die Pflanze riecht intensiv, wobei der Geruch schwer zu beschreiben ist – eine würzige Mischung von Zitrone und Zimt, beinahe penetrant. Die Produktionsstätten der ätherischen Öle lassen sich leicht finden. An den Stängeln sitzen viele kleine, schwarze bis rostrote Drüsen, vor allem im oberen Bereich; die Pflanze erweckt den Eindruck, an einer Hautkrankheit zu leiden. Die Blätter enthalten viele helle Pünktchen, wenn sie gegen das Licht gehalten werden – dabei handelt es sich um Sekretansammlungen im Gewebe des Blatts. Zudem sitzen auf den Blattnerven zahlreiche Drüsenhaare und auch die Blüten besitzen Öldrüsen. Kein Zweifel, beim Diptam spielen die ätherischen Öle eine wichtige Rolle.

Die Familie der Rautengewächse, zu der die Pflanze gezählt wird, ist für eine reichhaltige Duftpalette bekannt. Schließlich gehören auch alle Zitrusfrüchte zu den Rautengewächsen. Der Diptam ist der einzige heimische Vertreter dieser Familie. In Deutschland wächst an manchen Stellen zwar auch die Weinraute *(Ruta graveolens)*, ebenfalls ein Rautengewächs, doch sie ist eine verwilderte Heilpflanze, die ursprünglich aus dem Mittelmeergebiet stammt.

Die Familie der Rautengewächse umfasst weltweit etwa 1.500 Arten, von denen die meisten in den Subtropen und den Tropen verbreitet sind, besonders viele Arten finden sich in Südafrika und in Australien. Die Gattung *Dictamnus* beinhaltet nur eine einzige Art, den Diptam mit dem wissenschaftlichen Namen *Dictamnus albus*. Das ist eine Ausnahme in der Systematik der Pflanzen. Doch bei den Rautengewächsen enthält etwa ein Viertel der Gattungen nur eine einzige Art.

Jede Pflanzenart gehört einer Gattung und einer Familie an. Ähnliche Arten wie die verschiedenen Wildrosen bilden die Gattung *Rosa*, die zusammen mit vielen weiteren Gattungen die Familie »Rosengewächse« bildet. Das System der Klassifizierung ist eine künstliche Einteilung, die die Bestimmung einer Art erleichtert und die Stammesgeschichte der Arten widerspiegelt. Die Anzahl der Arten in den verschiedenen Schubladen weist riesige Unterschiede auf. Zu Gattungen wie Rose *(Rosa)* oder Ahorn

(Acer) zählen beispielsweise Hunderte von Arten. Ist der Diptam ein letzter Mohikaner einer einst artenreicheren Gattung? Wir wissen es nicht.

Es stellt sich auch die Frage, wer die Blüten bestäubt. Bei solch exotischen und auffälligen Schauapparaten würde man auch ungewöhnliche Bestäuber erwarten, etwa große Schmetterlinge. Doch in dieser Hinsicht ist der Diptam eher enttäuschend und nimmt sich sehr bescheiden aus. Seine Blüten werden hauptsächlich von Hautflüglern wie Bienen und Wespen angesteuert.

Duftöl

Die Pflanze bildet reichlich ätherische Öle. Das sind leicht verdunstende flüssige Stoffe, die anders beschaffen sind als fette Öle wie Olivenöl oder Sonnenblumenöl. Ein ätherisches Öl ist meist ein Gemisch vieler verschiedener Stoffe. Beim Diptam haben Wissenschaftler über 24 verschiedene Inhaltsstoffe im Öl nachgewiesen.

Ätherische Öle sind in der Kosmetik- und Parfümindustrie begehrt und manche Pflanzen liefern wertvolle Öle wie Rosenöl oder Lavendelöl. Das Öl des Diptams ist aber nicht zu gebrauchen, denn es enthält giftige Substanzen, vor allem hautreizende Stoffe und Bitterstoffe. Nach anekdotischen Beobachtungen sollen sogar Fälle vorgekommen sein, bei denen Menschen nach Berührung der Pflanze den Arzt aufsuchen mussten. Das Öl und seine Inhaltsstoffe können zu einer Kontaktdermatitis mit unangenehmen Blasen führen.

Wegen der vielfältigen Inhaltsstoffe war der Diptam bereits im Mittelalter eine Heilpflanze und fehlte in keinem Zier- oder Bauerngarten. Hildegard von Bingen (1098–1179) erwähnte den

Diptam genauso wie der deutsche Bischof und Gelehrte Albert Magnus (um 1200–1280). Die Wurzel der Pflanze lieferte ein Heilmittel gegen Magenerkrankungen.

Stark duftende und an ätherischen Ölen reichhaltige Pflanzen sind auch in anderen Pflanzenfamilien zu finden. In Europa gehören die Lippenblütengewächse dazu, zu deren prominenten Vertretern Lavendel, Minze, Rosmarin und Thymian zählen. Im Mittelmeergebiet gedeihen besonders viele stark duftende Pflanzen, und der Insel Korsika sagt man nach, sie besäße einen charakteristischen Duft. In Ländern wie Australien sind es hingegen die Myrtengewächse mit den Eukalyptusbäumen, die einen intensiven Duft verströmen.

Was aber ist der Sinn der ätherischen Öle? Warum sammelt sich in den Blättern und anderen Organen des Diptams so viel an leicht verdunstenden Stoffen an?

Ein Mittel gegen Fressfeinde

Ätherische Öle haben sich in der Stammesgeschichte der Pflanzen sicher nicht ohne Grund entwickelt. Immerhin sind es Mischungen aus komplexen Stoffen. Aus der Sicht der Pflanze erfüllen sie eine bestimmte Funktion, sonst gäbe es in den Blättern und Blüten keine Drüsen, die das Öl ausscheiden. Solche Drüsen weisen einen komplizierten Aufbau auf; sie sind hoch spezialisierte Organe, die im Laufe der Evolution kaum entstanden wären, würden sie keinen wichtigen Zweck erfüllen.

Pflanzen führen einen ständigen Kampf gegen unliebsame Gäste, die an Blättern, Wurzeln oder Stängeln knabbern: pflanzenfressende Käfer, Raupen und andere Insekten, Schnecken und im Boden zudem Fadenwürmer. Ist der Befall zu groß, geht die

Pflanze ein oder kann sich nicht erfolgreich fortpflanzen, weil keine Samen gebildet werden. Da gilt es, Gegenmaßnahmen zu ergreifen.

Ätherische Öle sind einer dieser Abwehrmechanismen. Sie verderben Schnecken den Geschmack und halten Insekten fern, die am Stängel emporkrabbeln wollen. Der Diptam besitzt einen umfangreichen Schutzwall, der nicht nur Blätter, Stängel und Blüten umfasst. Auch auf den noch unreifen Früchten wird ätherisches Öl abgesondert.

Da stellt sich die Frage, warum nicht alle Pflanzen solche Schutzöle produzieren? Das wiederum hat mit der Familienzugehörigkeit zu tun, die ich schon im Kapitel zur Stranddistel erwähnt habe. Die pflanzlichen Abwehrmechanismen gegenüber Schädlingen sind sehr vielfältig, sie reichen von mechanischem Schutz durch starke Behaarung bis zu giftigen Alkaloiden, die in den Blättern und Stängeln vieler Pflanzen vorhanden sind. Eisenhut und andere Giftpflanzen zeugen davon. Die ätherischen Öle des Diptams stellen eine andere Lösung der Abwehr dar.

Der brennende Busch

Im Vergleich zu den ätherischen Ölen anderer Pflanzenarten weisen die des Diptams einen hohen Gehalt an Isopren auf, was ganz und gar ungewöhnlich ist. Isopren in reiner Form ist eine durchsichtige und hochentzündliche Flüssigkeit, die leicht verdunstet. In der Pflanze entsteht sie durch den Zerfall einer Verbindung namens Dictagymnin, die in großer Menge gebildet wird. Das Isopren verleiht dem Diptam die Eigenschaft eines »brennenden Busches«. Man kann die Pflanze anzünden, oder besser gesagt, die entzündliche Wolke von Isopren, die den

Diptam umgibt. Führt man an einem heißen und windstillen Tag mit intensiver Sonnenstrahlung ein brennendes Streichholz langsam in die Nähe der Blüten, entsteht bei etwas Glück eine Flamme von kurzer Dauer, ein augenblickliches Aufflammen. Keine Sorge, der Pflanze schadet das keinesfalls, auch ohne menschliches Zutun kann es spontan zu Selbstentzündungen kommen. Eine Verbindung zwischen dem hohen Gehalt an ätherischen Ölen und Feuer existiert auch bei anderen Pflanzen wie Eukalyptusbäumen. Sie geben keine entzündliche Aurora ab, aber wenn durch Blitzschlag oder absichtliches Anzünden in einem Eukalyptuswald Feuer ausbricht, brennt es wegen des hohen Ölgehalts lichterloh. Die Waldbrände im Juni 2017 in Portugal konnten zu einem guten Teil nur deshalb so verheerend ausfallen, weil dort großflächig Eukalyptusbäume gepflanzt werden – aber nicht nur in Portugal, sondern im gesamten Mittelmeergebiet.

Mit dem »brennenden Dornbusch« der Bibel hat der Diptam nichts zu tun. Die Pflanze hat weder Dornen noch Stacheln. Viel wahrscheinlicher handelt es sich dabei um *Plicosepalus acaciae* aus der Familie der Riemenblumengewächse.

Unsere nächste Pflanze steht in großem Kontrast zum Diptam. Sie ist unauffällig und aus ganz anderen Gründen außergewöhnlich.

Bleich und dennoch kerngesund

Fichtenspargel
(Monotropa hypopitys)

Erlbach im Vogtland, im Juni. Die hügelige Gegend des Elstergebirges mit ihren dichten Wäldern lädt zum Wandern ein. Zwischen den Fichten zeigt sich auch unsere Pflanze, eine geradezu gespenstische Erscheinung, deren Volksnamen wie Ohnblatt, Falsche Schmeerwurzel oder Wurzelsauger schon verraten, dass es mit ihr eine besondere Bewandtnis haben muss.

Weißliche bis bleichgelbe Stängel schauen aus dem Moos hervor, etwa so lang wie eine Hand; ihr oberes Ende ist wie bei einem Spazierstock gekrümmt. Oft stehen mehrere Stängel in Gruppen eng beisammen. Die länglichen Blüten unterscheiden sich farblich kaum von den Stängeln und hängen als dichte Büschel nach unten. Richtige Blätter sucht man vergeblich, die Stängel tragen lediglich ein paar wenige, fast durchsichtige Schuppenblätter.

Eine merkwürdige Pflanze. Beim Anblick der bleichen Gestalt stellt sich sofort die Frage: Wie ernährt sich der Fichtenspargel? Es besteht überhaupt kein Zweifel, dass dieses Gewächs anders lebt als die grünen Pflanzen in seiner Nachbarschaft, die mittels ihrer Blattgrünkörner Sonnenlicht verwerten, um Zucker herzustellen. Blattgrün kennt unser Gewächs nicht. Wie aber wächst sie und vor allem, woher bezieht sie die lebensnotwendigen Kohlenhydrate, wenn sie diese nicht selbst erzeugen kann?

Schmarotzer oder Fäulniszehrer?

Der Fichtenspargel erregt schon lange die Aufmerksamkeit von Botanikern und Pflanzenphysiologen. Die Erforschung seiner geheimnisvollen Lebensweise reicht beinahe 200 Jahre zurück. In dieser Zeit wechselten die Ansichten der Wissenschaftler zur Lebensweise der Pflanze mehrmals.

Lange Zeit galt der Fichtenspargel als sogenannter Saprophyt oder Fäulniszehrer, was bedeutet, dass die Pflanze auf totem Holz wächst und ihre Nährstoffe aus dem zerfallenden Gewebe gewinnt. Andere hielten den Fichtenspargel für eine parasitische Pflanze, die mit ihren Wurzeln das Wurzelwerk der Bäume anzapft. Beides erwies sich als vollkommen falsch, aber um dies herauszufinden, waren erst raffinierte Methoden nötig. Die Lebensweise des Fichtenspargels ist so geheimnisvoll, wie die Pflanze aussieht, und zudem überaus kompliziert.

Heute ist dieses Geheimnis gelüftet. Die Pflanze ernährt sich parasitisch von einem Pilz und dadurch indirekt von Bäumen. Eine komplexe Dreierbeziehung, aus der unsere Pflanze den gesamten Lebensunterhalt bezieht. Sie beruht auf dem unterirdischen Netz an Pilzfäden, die einen Waldboden oder einen Wiesenboden durchziehen. Diese Pilzfäden verbinden Pflanzen miteinander, indem sie sich an den Wurzeln festsetzen oder gar in sie eindringen. Die meisten Pflanzenarten leben mit solchen Wurzelpilzen oder Mykorrhizen zusammen. Die Beziehung ist dabei eine Symbiose, ein friedliches Geben und Nehmen, aus dem sowohl Pilz als auch Pflanze einen Nutzen ziehen. Der Pilz erhält von der Pflanze wertvolle Kohlenhydrate, im Gegenzug hilft der Pilz bei der Wasser- und Nährsalzversorgung der Pflanze. Es findet also ein beidseitiger Stoffaustausch statt. Tatsächlich sind die verschiedensten Pflanzenarten eines Lebensraums durch die Pilze miteinander vernetzt. Eine Baumart kann dabei von mehreren Pilzarten besiedelt werden und eine bestimmte Pilzart kann sich mit mehreren Baumarten verbinden. Das Ergebnis ist ein komplexes Netz, ein Stoff-Highway zwischen den Pflanzen, das sich unbemerkt im Boden entfaltet.

Ein Pilzparasit

Eine Pflanze wie der Fichtenspargel klinkt sich in dieses Netz ein und beutet es aus. Seine Wurzeln werden ebenfalls von Pilzen besiedelt, die auch mit Baumwurzeln verbunden sind. Die Wurzeln des Fichtenspargels reichen bis einen halben Meter tief in den Boden und sind dicht eingepackt von einem Pilzgeflecht. Unzählige Pilzhyphen, die dünnen unterirdischen Fäden eines Pilzes, umwickeln die Wurzeln unserer Pflanze. Sie haben für den Nährstoffhaushalt der Pflanze eine große Bedeutung. Der Fichtenspargel kann aber nichts abliefern – wie auch, ohne Blattgrün? Der Stofffluss ist einseitig, das heißt, unsere Pflanze nimmt, ohne zu geben. Daher gilt sie als Parasit. Aber wen parasitiert sie nun, den Pilz oder die Bäume, deren Wurzeln mit dem Pilz eine Verbindung eingehen? Das ist nicht offenkundig. Klar ist hingegen, dass organische Stoffe vom Baum zum Fichtenspargel gelangen, und zwar mittels des Pilzes.

Das hatte ein schwedischer Pflanzenphysiologe bereits in den Sechzigerjahren beweisen können. Erik Björkman experimen-

tierte mit dem Fichtenspargel und nutzte radioaktiv markierten Traubenzucker, um den Weg organischer Stoffe vom Baum zum Fichtenspargel aufzuzeigen. Er applizierte den Traubenzucker in das Rindengewebe von Fichten, an deren Fuß Fichtenspargel wuchs, wartete fünf Tage und prüfte dann, ob der Kohlenstoff im Traubenzucker den Weg in die parasitische Pflanze fand. Und das tat er! Damit war bewiesen, dass der Fichtenspargel indirekt Bäume anzapft.

Biologen nennen solche Pflanzen heute Myko-Heterotrophe, was mit »Pilz-Fremdernährer« übersetzt werden kann. Eine heterotrophe Ernährungsweise praktizieren alle Tiere, weil sie sich von anderen Lebewesen ernähren müssen. Pflanzen mit Blattgrün sind hingegen autotroph oder »selbsternährend«.

Die Lebensweise des Fichtenspargels ist also kompliziert und seine Nahrungsquelle nicht gerade offensichtlich. Bei einem parasitischen Tier wie der so verhassten Stechmücke ist der Fall klar: Das Insekt saugt Blut, welches somit vom Wirt in den Parasiten wechselt – der Stofffluss ist einseitig und simpel. Beim Fichtenspargel sind die Verhältnisse längst nicht so klar. Welche Stoffe fließen vom Pilz in die Pflanze und welche von den Bäumen? Welche Stoffe produziert der Pilz selbst und welche bezieht er seinerseits von den Bäumen? Das gilt auch ganz allgemein für das Netz an Wurzelpilzen im Boden. Die Funktionsweise der unterirdischen Pilznetze in einem Waldboden ist noch längst nicht genau bekannt. Sicher ist nur, dass sie eine enorm wichtige Rolle für den gesamten Lebensraum spielen.

Für die Forschung zur Bedeutung der Mykorrhiza-Pilze ist unsere Pflanze ein begehrtes Studienobjekt. Der britische Biologe Martin Bidartondo spricht denn auch von einer »Sphinx der Mykorrhiza-Forschung«. Warum mauserte sich gerade der Fichtenspargel zum Studienobjekt der Wurzelpilzforschung? Das ist wohl Zufall. Es hätte genauso gut eine andere Pflanzenart sein können. Fichtenspargel ist schließlich nicht die einzige Pflanzenart, die Pilze nutzt, um von anderen Pflanzen zu leben.

Die Farben der Blattgrünlosen

Der Fichtenspargel gesellt sich zu einer Handvoll weiterer Arten, die im Laufe ihrer Stammesgeschichte ihr Blattgrün verloren haben und zu einer parasitären Lebensweise übergegangen sind. In Buchenwäldern wächst eine Orchidee, die vollständig braun gefärbt ist. Die Vogelnestwurz ist daher leicht zu übersehen, obwohl sie mitunter häufig vorkommt. Auch sie lebt von einem Pilz und zeigt eine weitere Besonderheit: Vom Zeitpunkt des Keimens bis zum Öffnen der ersten Blüten können neun Jahre verstreichen. Es scheint schwierig zu sein, als Schmarotzerpflanze Fuß zu fassen. Von bräunlicher bis violetter Färbung sind auch die vielen Arten von Sommerwurz, die oft mit Orchideen verwechselt werden. Auch sie sind Vollschmarotzer; im Gegensatz zum Fichtenspargel oder zur Vogelnestwurz docken ihre Wurzeln aber direkt an die Wurzeln der Wirtspflanzen an. Hier steht kein Pilz zwischen Wirt und Parasit.

Die prächtigste der Sorte von parasitischen Pflanzen wie der Fichtenspargel ist mir in Kalifornien begegnet. In den ausgedehnten Nadelwäldern auf der Westseite der Sierra Nevada wächst eine Pflanze namens »Snow-plant«. Sie zeigt sich kurz nach der Schneeschmelze als rote Tupfer inmitten des braunen und noch kahlen Waldbodens. Die ganze Pflanze ist rot, vom dicken Stängel bis zu den Blüten. Oft sind es Einzelpflanzen, die sich zwischen

Tannenzapfen und Zweigen in die Höhe strecken, mitunter ganze Gruppen. Der wissenschaftliche Name lautet *Sarcodes sanguinea* und spielt auf die blutrote Färbung der Pflanze an.

Umkehrung des Normalen

Beim Wort »Parasit« denkt man zuerst an Tiere. Parasitische Pflanzen sind außergewöhnlich und bilden eine Ausnahme in der Pflanzenwelt. Dennoch scheinen sie ein erfolgreiches Lebensmodell zu verkörpern, sonst hätten sich Pflanzen wie der Fichtenspargel nicht bis in unsere Tage halten können.

Pflanzliche Parasiten tanzen aus der Reihe, weil sie ökologisch gesehen einen ungeheuren Wechsel in der Ernährung vollzogen haben: von selbsternährend hin zum Verzehr organischer Stoffe anderer Lebewesen. Das schafft Abhängigkeiten, denn eine parasitische Pflanze ist auf Gedeih und Verderb auf ihren Wirt angewiesen. Dadurch, dass der Fichtenspargel einen Pilz anzapft, der viele verschiedene Pflanzen miteinander verbindet, ist sein Leben gesichert. Sollte ein Baum ausfallen, fließen dennoch lebensnotwendige Stoffe zu den Wurzeln der Pflanze.

Für den Fichtenspargel hat die parasitische Lebensweise einen unerwarteten Vorteil. Da sie keine Blätter benötigt und nicht auf Sonnenlicht angewiesen ist, kann sie an tiefschattigen Stellen im Wald wachsen, an denen kaum andere Pflanzen gedeihen. So sendet die Pflanze ihre bleichen Stängel in die Höhe, die nie von einem Sonnenstrahl getroffen werden, aber das macht ihr nichts aus. Sie kann als äußerst erfolgreich bezeichnet werden, denn ihr Verbreitungsgebiet umfasst nicht nur Europa, sondern auch Asien; Nordamerika und Teile Mittelamerikas. Man findet sie vom flachen Küstenbereich bis auf 4.300 Meter Höhe.

IM WASSER

Blühende Segelboote

Wasserfeder
(Hottonia palustris)

Neu-Fahrland, im Mai. Am Fahrländer See bei Potsdam gibt es viele kleine Stillgewässer, Altarme und sumpfige Stellen. Äste von Weidenbäumen reichen über das Wasser, Stämme liegen halb im Wasser, von Moos bedeckt. Etwas weiter entfernt säumen Schilfhalme das Ufer des Sees. Ein wildes Durcheinander von Zweigen, Sträuchern und herabgefallenen Ästen erschwert den Zugang zum Ufer. Blätter, herabgefallene Blüten und etliche Weidenkätzchen treiben auf dem Wasser. Beinahe eine Wildnis, in der sich zahlreiche Stechmücken tummeln. An einer Stelle ist das Ufer morastig, der schwarze Boden geht nahtlos in das seichte Gewässer über, in dem das Wasser etwa einen halben Meter hoch steht. Mein Augenmerk gilt den kräftigen Stängeln, die aus dem Wasser ragen und mit stattlichen lila Blüten besetzt sind. Aus der Nähe entpuppen sie sich als dreifarbige Blüten: Der äußere Bereich ist lila, der innere weiß, und die Mitte ziert ein fünfzackiger gelber Stern. Es sind Wasserfedern, die jetzt blühen. Schilf und Seerosen kennt jeder, aber Wasserfedern? Eine bessere Vorstellung gibt der andere Name der Pflanze: Wasserprimel. Also ein Schlüsselblumengewächs, das offensichtlich im Wasser wächst. Die Blüten sehen auch einer

Primel sehr ähnlich, der Rest der Pflanze ist aber gänzlich anders aufgebaut. Das Leben im Wasser erfordert andere Konstruktionen als das Landleben. Ich möchte zuerst ein wenig beim Lebensraum Wasser verweilen, bevor ich auf die Besonderheiten der Wasserfeder eingehe.

Leben im Wasser

Land und Wasser sind wie Tag und Nacht. Zwei vollkommen verschiedene Lebensräume, die oft auf einem schmalen Streifen aneinanderstoßen. Eine luftige Umgebung auf dem Land, eine flüssige im Wasser. Wenn wir Menschen längere Zeit unter Wasser verweilen wollen, brauchen wir eine Tauchausrüstung einschließlich einer Vorratsflasche mit Atemluft. Wir können nicht wie ein Fisch den lebensnotwendigen Sauerstoff aus dem Wasser beziehen. Das wässrige Milieu stellt ganz andere Anforderungen an einen Organismus als das gasförmige Milieu an Land.

Das gilt auch für Wasserpflanzen, die wie jede andere Pflanze auch Kohlendioxid und zudem ein bisschen Sauerstoff brauchen. Wie kommen sie an die Gase im Wasser? Als Organismen, die vom Sonnenlicht abhängig sind, müssen sich Wasserpflanzen zudem in den oberen und lichtdurchfluteten Schichten eines Gewässers aufhalten und dürfen nicht absinken. Das gilt vor allem für frei im Wasser schwebende Pflanzen. Dazu ist Auftrieb nötig. Auch die Frage der Nährstoffaufnahme muss gelöst werden, denn im Wasser machen herkömmliche Wurzeln keinen Sinn. Wasser kann ruhig wie in einem Seitenarm eines Flusses sein oder mit einer starken Strömung fließen; Letzteres stellt eine Wasserpflanze vor mechanische Probleme. Unsere Wasserfeder zieht stille Gewässer vor, die nicht zu tief sind.

Von den rund 350.000 verschiedenen Blütenpflanzen-Arten weltweit sind nur etwa zwei Prozent Wasserpflanzen, also etwa 700 Arten. Der geringe Anteil lässt vermuten, dass das Leben im Wasser gar nicht so einfach ist oder nicht von großem Vorteil gegenüber dem Leben auf dem Land. Doch das sind Spekulationen. Tatsache ist, dass sich Wasserpflanzen in ganz unterschiedlichen Familien finden, die nicht miteinander verwandt sind. Der Sprung ins Wasser muss sich also während der Stammesgeschichte der Blütenpflanzen mehrmals und unabhängig voneinander vollzogen haben. Dabei entstanden ganz unterschiedliche Wuchsformen und Anpassungen der Wasserpflanzen.

Alle Wasserpflanzen stammen von Landpflanzen ab, denn die ersten Blütenpflanzen entstanden an Land. Das war vor etwa 140 Millionen Jahren zu Beginn der Kreidezeit. Forscher sind sich einig, dass die verschiedenen Lebensmodelle der Wasserpflanzen schon früh entstanden sind. Somit sind alle Wasserpflanzen sekundäre Wiederbesiedlungen des Wassers, denn die Eroberung des Landes durch pflanzliche Organismen nahm in den Ozeanen ihren Ursprung – genau wie Delfine, Wale und andere Meeressäuger, deren Vorfahren Landtiere waren. Im Gegensatz zu ihnen haben viele Wasserpflanzen aber ihre Physiologie vollkommen umgestellt und beziehen Sauerstoff und Kohlendioxid aus dem Wasser statt aus der Luft. Das ist so, als hätten Wale Kiemen entwickelt; sie atmen aber mit ganz normalen Lungen.

Bei den Wasserpflanzen kommen ganz unterschiedliche Systeme zum Tragen. Sehen wir uns doch die Wasserfeder einmal näher an.

Die Wasserfeder, ein Doppelwesen

Ich finde die Wasserfeder bemerkenswert, weil sie so vollkommen untypisch ist und sich von den meisten anderen Pflanzen absetzt. Ihr unterer Teil ist auf ein Leben im Wasser eingestellt, ihr oberer Teil aber unterscheidet sich kaum von einer Landpflanze – ein Zwitterwesen. Die Blüten stehen in der Luft, werden wie bei vielen anderen Landpflanzen von Insekten besucht und bestäubt. Der Übergang zum Wasserleben vollzieht sich am Grund des Stängels. Hier geht er in die Blätter über, die knapp unterhalb der Wasseroberfläche eine Rosette bilden, in deren Mitte der Stängel steht. Der Aufbau der Blätter verrät die aquatische Lebensweise der Pflanze.

Die Blätter sind fein zerteilt wie ein Kamm und bestehen aus einer Unzahl langer und schmaler Bänder. Zerschlitzte Blätter finden sich auch bei anderen Wasserpflanzen wie dem Tausendblatt oder dem Wasser-Hahnenfuß. Sie stellen eine vollkommene Anpassung an das nasse Element dar. Eine Wasserpflanze braucht genauso wie eine Landpflanze Luft zum Leben, also die beiden Gase Sauerstoff und Kohlendioxid. Beide sind im Wasser gelöst, doch ist es nicht so leicht, an sie heranzukommen. Dafür ist eine sehr große Oberfläche nötig, damit mittels Diffusion der Gasaustausch stattfinden kann. Die Oberfläche lässt sich am besten vergrößern, indem ein Blatt in viele kleine Abschnitte aufgeteilt wird. Sie können die Wirksamkeit des Prinzips an einer Holzplatte selbst überprüfen. Angenommen, ein quadratisches Stück Holz von zehn Zentimetern Kantenlänge liegt vor Ihnen, das Holz ist einen Zentimeter dick. Nach ein bisschen Rechnen und Addieren der Teilflächen werden Sie herausfinden, dass die Oberfläche des gesamten Stücks genau 240 Quadratzentimeter beträgt. Nun sägen Sie die kleine Platte in zehn Stücke, in zehn längliche Leisten von einem Zentimeter Breite. Welche Oberfläche haben diese zehn Leisten nun insgesamt? Richtig, es sind 420 Quadratzentimeter – eine gewaltige Steigerung der Oberfläche! Das Volumen ist dabei nach wie vor dasselbe, die Menge an Holzmaterial hat sich nicht verändert. Dass die Säge etwas vom Holz in Sägespäne verwandelt, kann hier getrost vernachlässigt werden.

Oberflächenvergrößerung durch Aufteilen ist in der Natur allgegenwärtig und findet sich bei allen Organisationsformen des Lebens. Ob Lungenbläschen, Kiemen oder Wasserfederblatt, im Zentrum steht ein effizienter Gasaustausch mit der Umgebung. In einem wässrigen Milieu ist die Vergrößerung der Oberfläche durch Aufteilung des Blatts viel einfacher zu verwirklichen als in der Luft, da nicht die Gefahr der Austrocknung droht. Hätten Birken so fein zerteilte Blätter wie die Wasserfeder, würden sie sehr viel Wasser verlieren und die Bäume würden rasch vertrocknen.

Wie Auftrieb bekommen?

Die Wasserfeder und viele andere Wasserpflanzen halten sich an der Wasseroberfläche auf, da, wo das Wasser sonnendurchflutet ist. Die Blattrosetten der Wasserfeder schweben im Wasser, dank eines luftigen Gewebes, das ihnen Auftrieb verleiht. Bei der Wasserfeder zeigt es sich in Form vieler feiner Röhren, die den Stängel durchziehen; auch die Hauptachsen der Blätter sind von solchen lufthaltigen Röhren durchzogen. So gelingt es der Pflanze, ihre Blätter stets dem Sonnenlicht auszusetzen. Luftiges Gewebe findet sich bei den meisten Wasserpflanzen. Es dient auch zur Durchlüftung der untergetauchten Pflanzenteile, um so ein Verfaulen zu verhindern. Was hingegen Blütenpflanzen nicht erfunden haben, sind Schwimmblasen wie sie bei vielen Meeresalgen vorhanden sind, etwa dem Blasentang. Die gasgefüllten Ausstülpungen auf den Blättern des Blasentangs dienen demselben Zweck: Auftrieb schaffen, sodass die langen Blätter sich in die Höhe strecken.

Vielfalt an Lösungen

Bei den Blütenpflanzen haben sich mehrere Wuchsformen entwickelt. Wasserpflanzen wie Rohrkolben und Schilf stehen im Wasser, sie betreiben ihren Gasaustausch aber an der Luft wie jede Landpflanze. Es sind amphibische Pflanzen, von denen viele Arten wie etwa der Schilf auch an Land wachsen können, wenn der Boden feucht genug ist. Ihr Aussehen gleicht Landpflanzen und ihre Anpassung an das nasse Element ist nicht soweit fortgeschritten wie bei der Wasserfeder.

Ganz anders sind die sogenannten Schwimmblattpflanzen, wie beispielsweise Seerosen, die ich in einem späteren Kapitel näher vorstellen werde. Ihre Blätter breiten sich auf dem Wasser aus. Sie betreiben ihren Gasaustausch ebenfalls mit der Luft, hatten aber im Laufe ihrer Evolution eine technische Herausforderung zu meistern. Niemand würde das beim Anblick einer Seerose erraten. Landpflanzen betreiben den Gasaustausch durch kleinste Poren auf dem Blatt, den Spaltöffnungen. Sie befinden sich meist auf der Blattunterseite, wo sie vor starker Sonnenstrahlung und Regen geschützt sind. Es können Hunderte auf einem Quadratmillimeter sein. Wenn nun eine Pflanzenart im Laufe ihrer Stammesgeschichte ins Wasser gehen und Schwimmblätter bilden möchte, muss sie das Design ihrer Blätter umbauen. Die Spaltöffnungen müssen auf der Oberseite zu liegen kommen, denn auf der Unterseite machen sie keinen Sinn. Die Blattunterseite einer Seerose liegt auf dem Wasser, da würden die Poren ständig verstopft sein. Schwimmblattpflanzen haben stets auf der Blattoberseite Spaltöffnungen. Wie sich der Wechsel der Position vollzogen hat, wissen wir nicht. Überhaupt ist die Erfindung des Schwimmblatts so etwas wie die Umwandlung eines echten Vogelflügels in das Paddelorgan eines Pinguins.

Wiederum andere Wasserpflanzen leben vollständig untergetaucht. Tausendblatt, Kanadische Wasserpest und die vielen Laichkräuter verbringen ihr gesamtes Leben im Nass. Ihre Blüten aber erinnern an Landpflanzen, denn sie werden auf dünnen Stielen über dem Wasser angelegt. Nur ganz wenigen Blütenpflanzen gelang der Schritt, auch die Blüten mit in die Tiefe zu ziehen. Im ersten Kapitel haben wir eine solche Pflanze kennengelernt, das Gewöhnliche Seegras. Im Süßwasser wächst ein weiterer Unterwasserblüher, das Raue Hornblatt *(Ceratophyllum demersum)*.

Die amerikanische Schwester

Die Gattung *Hottonia* umfasst nur zwei Arten. Die Schwester unserer Wasserfeder wächst im östlichen Nordamerika und heißt *Hottonia inflata*. Sie macht einen ganz anderen Eindruck, denn sie bildet mehrere Stängel mit Blüten. Sind die Blüten viel kleiner und unscheinbarer als bei der heimischen Wasserfeder, fallen die Stängel der Amerikanischen Wasserfeder auf. Sie sind dick und wirken aufgeblasen. Man könnte meinen, in Amerika hat sich die Wasserfeder weiterentwickelt und im Land der unbegrenzten Möglichkeiten Schwimmwesten erhalten, denn die Stängel bestehen aus einem luftigen Gewebe.

Wasserfedern sind die einzigen Primelgewächse, die im Wasser leben und entsprechende Blätter ausgebildet haben. Sehr viel mehr Arten gibt es bei den Gräsern, obwohl sie nicht unbedingt mit dem Wasser in Verbindung gebracht werden. Aber eine Grasart kennen wir bestens von den Ufern der Seen.

Ein ganz und gar geselliges Gras

Schilf

(Phragmites australis)

Kuchelmiß, im Juli. Das Bundesland Mecklenburg-Vorpommern ist das Land der 1.000 Seen und wahrscheinlich auch das Land der Schilfhalme. Nirgendwo in Deutschland dürfte es so viel Schilf geben wie hier. Jeder kennt das größte Gras Mitteleuropas, das im Uferbereich von stehenden oder langsam fließenden Gewässern das typische Röhricht aufbaut. Was aber hat Schilf in einem Buch über besondere Wildpflanzen zu suchen? Das Gras ist sicher gut für die Wasservögel und für uns Menschen in vielfältiger Art und Weise nützlich. Aber hat das Gras irgendwelche Besonderheiten an sich? Auf jeden Fall, wie wir gleich sehen werden.

Da ist einmal die Größe. Die kräftigen Halme, die hohl, aber mit einer festen Wand versehen sind, erreichen ein bis vier Meter Höhe, ein Rekord unter unseren Gräsern. Seine Blütenrispen werden bis zu 30 Zentimeter lang, die Blätter bis zu einem Meter. Tatsächlich ist Schilf unser größtes einheimisches Gras.

Schilf wächst in seichtem Wasser bis etwa einen halben Meter Wassertiefe und an sumpfigen Stellen, in Flachmooren und Auenwäldern. Dank seiner Fähigkeit, auch salziges Wasser zu ertragen, ist es ebenso an Küsten anzutreffen. Schilf – auch Schilfrohr, Ried oder Reet genannt – ist ein Weltenbummler, ein Kosmopolit. Sein Verbreitungsgebiet erstreckt sich über ganz Europa, Asien, die beiden Amerikas und Australien. Die Tropen hingegen meidet er. In Tibet und in den südamerikanischen Anden wächst er bis in 3.000 Meter Höhe.

Die Biologie des Grases ist ziemlich ungewöhnlich. Das hängt mit einer Eigenschaft zusammen, die den meisten Tieren fehlt, der Fähigkeit des Klonens – und Schilf liebt massenhaftes Auftreten.

Eine natürliche Monokultur

Ein Schilfgürtel besteht nur aus Halmen des Schilfs und stellt somit eine natürliche Monokultur dar. Besser wäre es, von Reinbeständen zu sprechen, denn mit kultiviertem Boden und angebauten Pflanzen, wie das bei einem Maisfeld der Fall ist, haben sie nichts zu tun; sie sind nicht unter der Hand des Menschen entstanden. Natürliche Reinbestände einer Pflanzenart sind selten. Sie scheinen dem Dogma zu widersprechen, dass die Natur vielfältig ist und Reinbestände für die Biodiversität nicht gut sind.

Es gibt aber ein paar Pflanzenarten, die zur Bildung von Reinbeständen neigen. Zu ihnen zählen außer Schilf etwa Rohrkolben und Binsen, ebenfalls Gewächse der Ufer. Auch Wasserlinsen bilden ganze Teppiche auf der Wasseroberfläche, die oft nur aus einer einzigen Art bestehen. Nicht unerwähnt bleiben dürfen die unendlichen Fichtenwälder des Nordens – wenn wir nur die Bäume betrachten und den Unterwuchs außer Acht

lassen, sind diese Wälder ebenfalls ein Reinbestand und bestehen nur aus einer einzigen Baumart.

Beim Schilf liegt der Grund für den Aufbau von Reinbeständen in langen Ausläufern, die über den Boden kriechen oder im Wasser vorstoßen. Tatsächlich verbirgt sich der Hauptteil der Biomasse des Grases in den Wurzeln und den Ausläufern. Die Ausläufer werden 10 bis 20 Meter lang, und aus ihnen entspringen jedes Frühjahr neue Halme. Die Halme selbst überdauern nur einen Sommer und sterben im Herbst und Winter ab. Die Ausläufer hingegen überwintern und sorgen dafür, dass eine einzelne Schilfpflanze sehr alt werden kann. Wer sich im Frühjahr an einen See mit Schilf setzt, kann beinahe zuschauen, wie sich ein Schilfbestand ausbreitet. Die letztjährigen Halme stehen als braune und vertrocknete Trockensträuße immer noch da, während zwischen ihnen frische und grüne Halme heranwachsen. An der vordersten Front, in Richtung offenem Wasser, sprießen neue Halme, die ganz alleine für sich sind. Ohne letztjährige Begleitung. Das sind die Pioniere, die den Ausläufern entspringen und für den Ausbau des Schilfbestands sorgen.

Schilf und Klone

Ausläufer sind wie bei der Erdbeere eine Form der ungeschlechtlichen Vermehrung. Neue Stängel entwickeln sich ganz ohne Samen und Keimung. Ungeschlechtliche Vermehrung ist nichts anderes als eine Selbst-Klonierung, denn alle Halme entstehen durch Wachstum und sind genetisch genau gleich. Das Prinzip ist bei Pflanzen häufig und bringt dem Schilf einen riesigen Vorteil: Es kann dank der langen Ausläufer seitwärts expandieren.

Schilf weist auch noch einen anderen Mechanismus auf. Halme, die geknickt und auf den Boden oder ins Wasser gedrückt werden, etwa durch Wind, können sich bewurzeln und ihrerseits neue Halme bilden. Die ganze Pflanze ist mit allen Raffinessen ausgestattet und darauf getrimmt, große Flächen einzunehmen. Dennoch bildet auch Schilf wie jede andere Pflanze Samen, und dies in großer Menge. Sie fliegen mit dem Wind oder werden mit dem Wasser verbreitet und dienen der Besiedlung neuer Orte. In einem gestandenen Schilfröhricht spielen sie für den Fortbestand so gut wie keine Rolle.

Was wir beim Anblick eines Schilfgürtels nicht sehen können, ist die genetische Eintönigkeit. Ja, oft besteht ein Schilfbestand aus einem einzigen Riesenklon, hervorgegangen aus der beständigen ungeschlechtlichen Produktion von Halmen. An anderer Stelle machen ein paar wenige Klone zusammen den Schilfbestand aus. Solch ein Klon ist irgendwann in der Vergangenheit aus einem Samen entstanden und damit auch gleichzeitig eine einzelne Pflanze, ein einzelnes Schilf-Individuum mit unzähligen Stängeln.

Da ungeschlechtliche Vermehrung ein Wachstumsvorgang ist, kann er theoretisch beliebig lange vonstattengehen. Gelingt es einem frisch gekeimten Schilfpflänzchen sich am Wuchsort zu halten, bildet es die ersten Halme und die ersten Ausläufer und beginnt dann, immerfort zu wachsen. Im Donaudelta sollen Klone vorkommen, die etwa 8.000 Jahre alt sind. Klar, dass die Klone dabei ein gewaltiges Ausmaß angenommen haben und Tausende von Halmen umfassen.

Neues Land erschaffen

Schilf ist ein Schulbeispiel einer Verlandungspflanze. Mit Verlandung ist hier nicht das Gegenteil von Verstädterung gemeint, sondern die allmähliche Trockenlegung des Bodens unter den Schilfhalmen. Damit ist auch klar, dass wir es wieder einmal mit einem Ökosystem-Ingenieur wie dem Strandhafer zu tun haben. Schilf sammelt Schlamm an, der vom See in den Schilfgürtel schwappt und zwischen den Wurzeln und Ausläufern hängenbleibt. Die abgestorbenen Halme sorgen ebenfalls dafür, dass der Raum zwischen den Füßen angefüllt wird. So leitet Schilf die Bildung von Boden ein.

Die Dynamik, die das Schilf in die Landschaft bringt, ist freilich wegen ihrer Langsamkeit nicht zu beobachten. Biologen bezeichnen die Verlandung eines Sees als Sukzession. Ein wichtiger Prozess, bei dem sich die Zusammensetzung der Vegetation allmählich ändert, ganz ohne äußere Einflüsse wie dem Klima. Alleine das Wachstum und die Veränderungen durch die Pflanzen selbst lassen alte in neue Lebensräume übergehen. Ein Schilfgürtel ist ebenfalls nur ein Stadium auf dem langen Weg eines Sees zu einem Stück Land. Wenn der See allmählich aufgefüllt wird, kommen am Rand mehr und mehr Bäume auf, die schließlich das Schilf durch einen Auenwald ersetzen. Dafür sind allerdings Zehntausende von Jahren nötig. Der Starnberger See etwa existiert seit 15.000 Jahren und ist noch lange nicht verlandet.

Der Schilfgürtel, ein wichtiger Lebensraum

Für Vogelfreunde sind Schilfbestände eine wahre Fundgrube. Hier leben einige ornithologische Besonderheiten, schon allein all die Vögel, die ein Rohr im Namen haben, wie Rohrdommeln und Schilfrohrsänger, Rohrammer und Rohrschwirl. Letzterer hält sich gerne an zwei Halmen fest, seine Beine sind dann wie bei einem Kunstturner auseinandergespreizt. Auch Raubvögel wie die Rohrweihe brüten in ausgedehnten Schilfbeständen. In den Donauauen haben Ornithologen etwa 100 verschiedene Vogelarten beobachtet. Ein Schilfgürtel bietet aber nicht nur Vögeln, sondern auch Fischen und Amphibien, Insekten und sonstigen Gliedertieren Unterschlupf und eine Nahrungsgrundlage. Ein Schilfgürtel ist somit überaus artenreich und nur in pflanzlicher Hinsicht ein Reinbestand! Der Grund für die Artenfülle ist das Zusammentreffen von Land und Wasser. In einem Schilfwald gibt es für Tiere Platz, die entweder ans Land gebunden oder auf Wasser angewiesen sind. So bietet Schilf ganz unterschiedlichen Tierstämmen Lebensraum, von denen wir die meisten nie zu Gesicht bekommen. Im ruhigen Wasser setzen sich Moostierchen und Süßwasserpolypen an den Halmen fest, dazwischen tummeln sich Fadenwürmer, Strudelwürmer, kleine Krebstiere, dazu die Larven von Schnecken und Muscheln. Auch Fische fühlen sich in dem dichten und von Leben überbordenden Röhricht wohl, denn dort sind sie geschützt und finden reichlich Nahrung. Viele Süßwasserfische nutzen Schilfgürtel als Laichplätze.

Über dem Wasser leben neben Vögeln und kleinen Säugetieren etliche Insekten und andere Gliedertiere im Schilf. Manche Arten sind gar auf das Schilfröhricht spezialisiert, was bedeutet, dass sie ohne Schilf nicht existieren können. Dazu gehört die

Schilfschildlaus, die sich von Pflanzensaft ernährt und auf der Unterseite eines Blatts festsetzt. Der Hohlraum eines Schilfhalms ist Lebensraum für die Raupe der Schilfeule und des Schilfwicklers, zwei Schmetterlingsarten, und auch bei den Spinnen hat eine Art eine Vorliebe für Schilf entwickelt. Obwohl die Schilfspinne räuberisch von kleinen Insekten lebt, liegen ihre Jagdgründe im Gewirr der Schilfhalme. Sie überfällt ihre Beute im Lauf oder Sprung – ein echter Jäger!

Schilfgürtel sind somit äußerst wertvolle und schützenswerte Lebensräume. Die großen Flächen, die sie an manchen Seen einnehmen, sind für den Naturhaushalt unabdingbar. Neben dem Aufrechterhalten einer eindrücklichen Artenvielfalt erfüllt Schilfröhricht noch zwei weitere wichtige Funktionen: Uferschutz und Wasserreinigung. Zum einen verhindert Schilf die Erosion durch Wellenschlag an Ufern, zum anderen wirkt ein Schilfgürtel wie ein großer Schwamm, wenn nährstoffreiche Sedimente durch einen Bach oder Fluss vom Land her eingespült werden. Des Weiteren wird der Stickstoffgehalt des Wassers durch Schilf vermindert.

Doch an vielen Orten scheint es dem Schilf schlecht zu gehen. Schilfbestände brechen ein, werden in ihrer Ausdehnung kleiner und kleiner.

Haben wir ein Schilfsterben?

Schon in den Fünfziger- und Sechzigerjahren äußerten Biologen mit Besorgnis, dass die Schilfbestände an vielen Gewässern Deutschlands und der Schweiz abnehmen würden. In den letzten Jahrzehnten haben Experten das Phänomen eingehend untersucht und dokumentiert, etwa durch Vergleichen alter und neuer Fotos. An der Havel in Berlin und Brandenburg sind die Schilfbestände zwischen 1962 und 1987 um 70 Prozent zurückgegangen; etwa im selben Zeitraum büßte auch der Schilfgürtel des Untersees am Bodensee große Teile ein. Am Großen Plöner See in Schleswig-Holstein verzeichneten Experten gar einen Rückgang des Schilfröhrichts um 98 Prozent zwischen 1950 und 2006.

Was sind die Ursachen? Biologen sind sich einig, dass das Phänomen komplex ist und viele Gründe hat.

Die wichtigsten Ursachen sind zum einen die direkte Zerstörung durch Uferverbau, Landgewinnung, Beweidung durch Rinder und Pferde, Bau von Stegen oder Einrichten von Badeplätzen. Zum andern die Wasserverschmutzung durch Nährstoffeintrag, vor allem Stickstoff und Phosphor. Das Thema Gewässerverschmutzung ist noch nicht vom Tisch, auch wenn sich die Wasserqualität in vielen Seen seit den Neunzigerjahren deutlich verbessert hat. Zu viele Nährstoffe im Wasser fördern das Auftreten von Algen, die in dichten Matten auf dem Wasser liegen und das Wachstum von Schilf behindern.

Doch es gibt noch weitere Faktoren, die dem Schilf zusetzen. Eingeführte und verwilderte Pflanzenfresser wie Nutria und Bisamratte können erhebliche Schäden an Schilfbeständen hervorrufen, aber auch Graugänse und Schwäne, wenn sie in zu großer Zahl vorkommen.

Hinzu kommen noch subtilere Eingriffe wie Wasserstandsregulierungen, die unter Umständen dem Schilf zum Nachteil gereichen. Eine mechanische Belastung der Schilfhalme durch starken Wind, starke Wellen, Bootsverkehr, Treibholz oder Eisschollen lässt die Halme brechen, und darin liegt eine große

Gefahr für den Fortbestand des Schilfröhrichts. Wasser dringt ins Innere der umgeknickten Halme ein, erreicht den unteren Teil der Pflanze und mindert die Durchlüftung. Die Folge ist Fäulnis.

Das alles sind gute Gründe, Sorge für die Schilfbestände zu tragen. An vielen Stellen werden auch neue Schilfwälder angelegt und bestehende Schilfgürtel durch das Errichten von Umzäunungen im Wasser geschützt.

Ein Kunstwerk auf dem Wasser

Wassernuss
(Trapa natans)

Apollensdorf, im September. Auf dem Crassensee im Biosphärenreservat Mittelelbe erblicken wir eine bizarr aussehende Wasserpflanze. Die Blätter der Wassernuss liegen dem Wasser auf, wie bei der Seerose. Sie sind aber viel kleiner und haben eine rautenförmige Gestalt. Jetzt im angehenden Herbst färben sie sich rötlich. Die Ränder sind auffallend gezähnt. Die aufgeblasenen Blattstiele wirken als Schwimmgewebe, das die Blätter nicht untergehen lässt. In der Mitte der Rosetten erscheinen zur Blütezeit kleine weiße Blüten. Die Anordnung der Blätter auf dem Wasser fällt am meisten auf: Eine Ansammlung symmetrischer Rosetten, wie von einem Kunstschmied erschaffen. Bis zu 30 Blätter können einer einzelnen Rosette angehören und breiten sich auf dem Wasser aus. Sie entspringen alle einem gemeinsamen Stängel, der im Wasser bis zum Grund reicht. An den Stängeln bildet die Pflanze auch Unterwasserblätter, die wie bei der Wasserfeder fein zerteilt sind.

Die Wassernuss ist eine ungewöhnliche Wasserpflanze. Da gilt es einmal ihre Lebensspanne zu erwähnen. Die Pflanze lebt als Einjährige, was bei Wasserpflanzen eine seltene Ausnahme darstellt. Die meisten Pflanzen in unseren Gewässern sind ausdauernd und überwintern, sie treiben im Frühjahr aus Knospen wieder aus. Die Wassernuss hingegen stirbt im Herbst komplett ab und die nächste Generation entsteht aus den Samen im kommenden Frühjahr. Dafür kann sie während des Wachstums Ausleger bilden, an deren Enden ebenfalls Blattrosetten entstehen. Eine einzelne Wassernusspflanze umfasst somit manchmal mehrere Rosetten – eine in der Mitte, umgeben von mehreren Tochterrosetten.

Das Verbreitungsgebiet der Wassernuss erstreckt sich über ganz Eurasien und Teile Afrikas. In China wächst sie sogar bis in einer Höhe von 2.700 Meter. In Mitteleuropa ist die Pflanze sehr selten geworden und steht auf der Roten Liste bedrohter Pflanzenarten; in Deutschland gilt sie als stark gefährdet. Dies hängt zum einen mit der Trockenlegung vieler Feuchtgebiete zusammen, zum anderen aber auch mit den hohen ökologischen Ansprüchen, die diese Pflanze an Wasserqualität und Temperatur stellt. Am ehesten ist die Wassernuss in den Altarmen von Rhein und Elbe anzutreffen.

Die Frucht, ein Anker

Der deutsche Name der Pflanze lenkt die Aufmerksamkeit unweigerlich auf die Früchte, die merkwürdig genug sind. Sie sehen wie aus Gusseisen gemacht aus, sind in frischem Zustand grünlichbraun, in altem Zustand dunkelbraun bis schwarz. Jede Frucht trägt drei bis vier spitze Dornen, in der Mitte der einen Seite gibt es einen kreisrunden Verschluss, aus dem der Keimling herauswachsen wird. Im Vergleich zu den Blüten sind die

harten Früchte auffallend groß und erreichen zwei bis vier Zentimeter im Durchmesser. Man kann beinahe behaupten, eine alte Wassernussfrucht habe etwas Außerirdisches an sich.

Die Blüte steht über dem Wasser, die Frucht aber reift unter Wasser. Es findet also ein Wechsel zwischen den beiden Lebensmedien statt, der mit dem Verwelken der Blüten eingeleitet wird. Die Früchte können in frischem Zustand eine Zeit lang schwimmen und werden durch Wasserströmungen verbreitet. In älteren Botanikbüchern steht geschrieben, dass die Früchte auch durch Vögel verbreitet werden, in deren Gefieder sie sich festsetzen. Das ist aber schwer vorstellbar angesichts der Größe der Früchte und ihres Gewichts. Schließlich sinken die Früchte auf den Grund des Sees, wo sie sich wie Schiffsanker im Schlamm festsetzen. Die Fruchtreife erreichen sie im Herbst, sodass die Früchte den Winter über auf dem Seegrund verharren. Eine kluge Strategie der Wassernuss, denn auf dem Boden eines Sees gefriert das Wasser nicht zu Eis wie an der Oberfläche – wenn die Winter denn überhaupt noch kalt genug werden. Die unteren Wasserschichten sind im Winter wärmer als die oberen, was auch viele Fische nutzen, um die kalte Jahreszeit zu überstehen.

Wenn im Frühjahr die Temperaturen wieder steigen, keimen die Früchte und neue Stängel, die neue Blätter und Blüten anlegen, erreichen die Wasseroberfläche. Im Laufe des Lebenszyklus verbringt die Wassernuss abwechslungsweise einige Monate an der Wasseroberfläche und einige Monate untergetaucht. Sie wächst bis etwa drei Meter Wassertiefe. Sie kann aber auch jahrelang als Frucht verharren, denn die Früchte bleiben bis zu zwölf Jahre keimfähig.

Eine Steinzeitpflanze

Die Wassernuss heißt auch Wasserkastanie, da ihre Früchte essbar sind. Unter der harten Schale versteckt sich ein weißer Kern mit einem Stärkegehalt von etwa 50 Prozent. Archäologen fanden heraus, dass die Früchte bereits in der Jungsteinzeit und Bronzezeit eine wichtige Nahrungsquelle darstellten. Dies bezeugen zahlreiche Funde aus prähistorischen Siedlungen rund um den Federsee in Oberschwaben. Die Archäologen sind überzeugt, dass die Wassernuss während Belagerungszeiten oder nach Missernten eine wichtige Rolle für die Ernährung und das Überleben der damaligen Bevölkerung spielte. Die Menschen hatten damals wahrscheinlich auch Vorräte an Wassernüssen angelegt. Oft genug fanden Forscher verkohlte Schalen der Wassernuss, was nahelegt, dass die Früchte vor dem Verzehr im Feuer geröstet wurden. Die etwa haselnussgroßen Kerne schmecken in geröstetem Zustand etwa wie Esskastanien, die als Maronen im südlichen Europa im Winterhalbjahr angeboten werden.

Vom Boot oder Einbaum aus konnten die Menschen vor etwa 4.000 Jahren die Früchte wohl leicht sammeln. Damals musste die Wassernuss noch viel häufiger gewesen sein als heute, sonst wäre das Anlegen von Vorräten kaum möglich gewesen. Eine Schätzung geht von einem jährlichen Ertrag von 400 bis 500 Kilogramm Mehl aus den Wassernüssen aus. Da die Wassernuss für die Menschen der Steinzeit eine wichtige Rolle spielte, hatten sie die Pflanze möglicherweise auch verbreitet und in Seen ausgebracht. Vielleicht war sie sogar eine Art Kulturpflanze, die gepflegt und vermehrt wurde.

Heute ist die Wassernuss sehr selten, die Bestände dürften im 19. und 20. Jahrhundert stark zurückgegangen sein. Der wichtigste Grund ist die Trockenlegung vieler Seen und Feuchtgebiete, aber auch die Verschlechterung der Wasserqualität. Die Wassernuss ist anspruchsvoll und gedeiht nicht in jedem See. Der Seegrund sollte nährstoffreich sein, aber wenig Kalk enthalten. Im Frühjahr sollte sich das Wasser genügend aufwärmen, um die Keimung einzuleiten. In Deutschland beschränken sich die natürlichen Vorkommen der Pflanze daher auf seichte Gewässer.

Wassernüsse wurden noch bis ins 19. Jahrhundert hinein auf den Märkten im Elsass angeboten. Heute hat die Pflanze als Nahrungslieferant nur noch im fernen Asien eine Bedeutung.

In der Neuen Welt

Viele botanische Gärten im In- und Ausland kultivieren die Wassernuss, pflanzen sie in die Teiche der Außenanlagen. Das erstaunt nicht, denn eine solch ungewöhnliche Wasserpflanze darf in keiner Sammlung fehlen! Um 1870 kam die Pflanze nach Nordamerika. Wer sie aus welchen Gründen einführte, ist nicht bekannt. Jedenfalls war sie 1877 im Botanischen Garten von Cambridge im US-Bundesstaat Massachusetts vorhanden und sie wurde in verschiedene kleinere Seen in der Umgebung ausgepflanzt. Das war keine gute Idee, denn schon bald begann sich die Wassernuss selbstständig zu vermehren und auszubreiten. Fast klingt es ironisch, aber die bei uns so seltene Wassernuss hat sich in Nordamerika zu einem Unkraut gemausert, das heute intensiv bekämpft wird. In einigen Seen und Flüssen der östlichen USA wuchert die Wassernuss so stark, dass sie mit ihrem Blattwerk die gesamte Wasseroberfläche zudeckt. Das behindert nicht nur den Bootsverkehr, auch der Lebensraum wird beeinträchtigt – zum Nachteil der anderen Pflanzen und Tiere im Wasser. In der Tat sind die ökologischen Auswirkungen durch die schiere Masse der Wassernuss beträchtlich. Das Blattwerk verhindert, dass Licht auf den Boden des Sees fällt, wodurch andere Pflanzen nicht wachsen können. Da alle Wassernusspflanzen im Herbst absterben, fällt eine große Menge an Biomasse an, die schließlich verfault. Das führt zu Sauerstoffarmut im Wasser, was im Extremfall ein Fischsterben auslösen kann. Für die amerikanischen Gewässer ist die Wassernuss ein richtiger Exot und Störenfried, denn etwas Vergleichbares gibt es dort nicht.

Schwierige Kontrolle

Die Wassernuss wird wegen ihren negativen Auswirkungen in vielen Gewässern kontrolliert. Ein schwieriges Unterfangen. Südlich von Montreal, an der Grenze der US-Bundesstaaten Vermont und New York, liegt der »Lake Champlain«, ein riesiger Binnensee, mehr als doppelt so groß wie der Bodensee. Auch hier hat sich die Wassernuss breitgemacht und die zuständigen Behörden haben zwischen 1982 und 2011 das Unkraut intensiv bekämpft. Die Mitarbeiter der Behörden sammelten mit speziellen Booten das Pflanzenmaterial ein und entsorgten es. Pflanzen in Ufernähe konnten sie mit langen Rechen herausfischen. Alles in allem kostete das Unterfangen fast zehn Millionen US-Dollar. Die Mitarbeiter konnten die Bestände zwar stark eindämmen, aber die Wassernuss loszuwerden gelang ihnen nicht. So stehen die Pflanzen der Wassernuss an den Flüssen und in den Seen der nordöstlichen USA unter strenger Beobachtung, um rasch eingreifen zu können.

Warum verbreitet sich die Wassernuss auf dem amerikanischen Kontinent so hemmungslos und ist bei uns eine schützenswerte Pflanze? Eine schwierige Frage! Auch bei anderen eingeführten und verwilderten Pflanzen haben Biologen beobachtet, dass sie außerhalb ihres natürlichen Verbreitungsgebiets üppiger wachsen und mehr Samen ansetzen als in den heimatlichen Gefilden. Bei der Wassernuss vermuten Biologen, dass das Fehlen der natürlichen Fressfeinde in Nordamerika der wichtigste Grund ist. Im natürlichen Verbreitungsgebiet leben Gegenspieler, Larven von Insekten etwa und bestimmte Käfer, die sich von der Wassernuss ernähren und sie so in Schach halten. Auch Wasservögel fressen gerne von den Pflanzen.

Die Geschichte der Wassernuss in Nordamerika erinnert an die der Kartoffel-Rose an unserer Nord- und Ostsee. Beide zeigen, was passieren kann, wenn Arten verpflanzt werden. In guter Absicht eingeführt, doch unbeabsichtigt böse Geister hervorrufend. Solche Beispiele gibt es heutzutage zuhauf und nicht nur bei den Pflanzen.

Bei uns wieder angesiedelt

Es ist schon verrückt: In Deutschland hingegen ist die Wassernuss so selten geworden, dass sie vom Aussterben bedroht ist. Die Gründe sind vielfältig. Die offenkundigsten sind Gewässerverschmutzung, Hochwasser im Frühjahr und Niedrigwasser im Sommer. Aber auch hungrige Wasservögel trugen zum Rückgang der Wassernuss bei. Verbissschäden, vor allem durch Schwäne, setzten der Pflanze stark zu.

In den Rheinauen bei Karlsruhe haben Biologen in einem aufwendigen Naturschutzprogramm die Wassernuss wieder angesiedelt. Das Projekt lief von 2004 bis 2009 mit finanzieller Unterstützung durch die EU. Federführend waren bei dem Projekt der Landschaftsökologe Erhard Bolender und seine Mitarbeiter. An mehreren Stellen in den Rheinauen ließen sie Schutzgehege aus Baustahl ins Wasser. Diese Käfige, jeder 120 Zentimeter breit, dienten zum Aussperren von Wasservögeln und damit zum Schutz der Wassernuss vor gierigen Schnäbeln. Die Biologen sammelten an vorhandenen Beständen der Pflanze genügend Früchte und gaben sie in die Schutzgehege. So konnten sich die Jungpflanzen ungestört entwickeln. Die Bemühungen trugen Früchte, allerdings bleiben die Verbissschäden durch Wasservögel weiterhin ein Problem. Auch die Bestände auf dem Crassensee und im Mittleren Elbegebiet gehen auf Anpflanzungen zurück. Die dortigen Wiederansiedlungen waren ein voller Erfolg, denn die Wassernuss nimmt inzwischen große Flächen ein und entwickelt sich prächtig.

Die nächste Pflanze besitzt eine ganz andere Strategie im Umgang mit dem Wasser. Sie hat dazu die Fähigkeit entwickelt, sich zu wandeln und ihr Aussehen zu ändern.

Die Pflanze mit dem Janusgesicht

Wasser-Hahnenfuß
(Ranunculus aquatilis)

Tarp, im August. Es gibt keinen Zweifel, Schleswig-Holstein ist ein Wasserpflanzenparadies. Die Wasserfeder kommt hier häufig vor, ebenso Wasserlinsen und Seerosen. Und in manchem Kanal oder langsam fließenden Bach wächst eine Pflanze, die mit Fug und Recht als wankelmütig bezeichnet werden darf. Der Wasser-Hahnenfuß bevorzugt nährstoffreiche Gewässer, er ist fest im Schlamm verwurzelt und wächst bis in zwei Meter Tiefe. Die Stängel werden entsprechend lang und erreichen stets die Wasseroberfläche. Wenn die Pflanze blüht, ragen kurze Stiele aus dem Wasser, an deren Enden weiße Blüten stehen. Sie verraten eindeutig die Zugehörigkeit der Pflanze zur Familie der Hahnenfußgewächse. Ein Hahnenfuß, der Baden geht, ist aber eher die Ausnahme, denn die meisten Arten der Gattung *Ranunculus* sind Landpflanzen. Es ist eine überaus artenreiche und formenreiche Gattung, die alleine in Deutschland mit etwa 35 Arten vertreten ist.

Mein Augenmerk gilt aber den Blättern. Bei keiner anderen Pflanze sind sie so unterschiedlich gestaltet wie beim Wasser-

Hahnenfuß. Man hat den Eindruck, die Pflanze formt ihre Blätter mal so, mal so, ganz wie es ihr gerade passt. Oder steckt doch ein System dahinter?

Was beim Untersuchen der Pflanze sofort auffällt, sind die unterschiedlichen Gestaltungsformen der Blätter. Wenn sie nebeneinander auf einem Stück Papier liegen, würde niemand vermuten, dass sie ein und derselben Pflanze angehören. Die Form hängt aber davon ab, wo das Blatt heranwuchs: ob im Wasser oder an der Luft. Unterwasserblätter sind fadenförmig zerteilt, die gesamte Blattoberfläche ist aufgebrochen und zerschlitzt. Das Prinzip Oberflächenvergrößerung wie bei der Wasserfeder kommt hier wieder zum Tragen. Ganz anders hingegen die Blätter, die auf dem Wasser liegen und bei denen eine Seite der Luft zugewandt ist. Sie sind Schwimmblätter, rundlich und flächig, die Ränder gelappt. Manchmal bildet die Pflanze auch noch typische Landblätter, die in der Luft stehen und deren Ränder tiefe Einschnitte aufweisen. Um das Verwirrspiel zu vervollständigen, finden sich an den Stängeln alle möglichen Übergangsformen.

Die Umwelt bestimmt das Aussehen

Botaniker sprechen von Verschiedenblättrigkeit oder Heterophyllie. In jeder einführenden Botanikvorlesung muss der Wasser-Hahnenfuß herhalten, um ein Phänomen zu demonstrieren, das für pflanzliches Wachstum von größter Bedeutung ist. Ich meine den Einfluss der Umwelt auf die Gestalt eines Organs oder der ganzen Pflanze. Beim Wasser-Hahnenfuß zeigt sich das besonders dramatisch. Ich möchte ein wenig bei dem Phänomen verweilen.

Die Gestalt eines Organismus wird im Wesentlichen von den Genen bestimmt. Sie enthalten die Bauanleitung und bestimmen, wie der Organismus aussieht, egal, ob Pflanze, Pilz oder Tier. So bildet ein Kirschbaum weiße Blüten mit fünf Blütenblättern, die Forsythie aber gelbe Blüten mit vier Blütenblättern. Auch Form und Größe eines Blatts werden von den Genen diktiert, im Grunde genommen die gesamte Gestalt der Pflanze.

Nun kommt aber etwas hinzu. Es gibt einen beträchtlichen Spielraum in der Umsetzung der Bauanleitung. Sie muss nicht strikt eingehalten werden, sondern darf unterschiedlich aufgefasst werden. Der Spielraum hängt aber stark vom Merkmal ab. Bei der Größe der Blütenblätter etwa oder ihrer Anzahl ist der Spielraum sehr klein oder nicht vorhanden – eine Forsythienblüte hat aus vier gelben Blütenblättern zu bestehen. Die Anzahl der Blätter oder die Größe der Stängel hingegen dürfen je nach Wuchsbedingungen unterschiedlich ausfallen. Und das tun sie bei Pflanzen! Jeder Gartenbesitzer weiß, dass Pflanzen durch Hinzugeben von Dünger größer werden, als wenn sie in einem mageren Boden wachsen. Diese Flexibilität ist für einen standortgebundenen Organismus wie eine Pflanze überlebenswichtig. Sie erlaubt der Pflanze, sich auf die Lebensbedingungen einzustellen und besonders günstige Bedingungen durch starken Wuchs auszunutzen. Somit ist das äußere Erscheinungsbild einer einzelnen Pflanze das Ergebnis von den Genen einerseits und dem Einfluss der Wuchsbedingungen andererseits.

Beim Wasser-Hahnenfuß geht die Flexibilität so weit, dass an derselben Pflanze vollkommen anders gestaltete Blätter entste-

hen, je nachdem, ob sie im Wasser oder an der Luft heranwachsen. Botaniker sprechen von Modifikationen, ausgelöst durch bestimmte Bedingungen des Lebensraums. Je nachdem, ob eine Blattknospe unter Wasser oder darüber an der frischen Luft liegt, erfährt sie andere Bedingungen der unmittelbaren Umgebung – Biologen sprechen von der Umwelt eines Organismus. Wasser stimuliert die austreibende Knospe zur Bildung von Wasserblättern, während Luft zur Ausbildung von Landblättern führt, und ist die Knospe knapp an der Wasseroberfläche, entsteht daraus ein Schwimmblatt.

Das ist einzigartig und genial. Die Pflanze kann sich so ideal auf die Wuchsbedingungen an ihrem Ort anpassen, sie kann ihr Aussehen flexibel gestalten. Das funktioniert aber nur, weil Pflanzen zeitlebens wachsen. Ist ein Blatt einmal entstanden, kann es sich nicht umwandeln – nur die Blattknospen am Stängel können sich entscheiden, welche Form entstehen soll.

Genaue Untersuchungen haben gezeigt, dass die Temperatur eine wichtige Rolle spielt in der Festlegung der Blattform. Wird Wasser-Hahnenfuß bei 8 bis 18 Grad Celsius kultiviert, entwickeln sich Unterwasserblätter. Im Experiment lässt sich die Pflanze täuschen, denn erhöht man die Wassertemperatur auf 23 bis 28 Grad Celsius, entwickeln sich Landblätter, auch unter Wasser. Unter natürlichen Bedingungen aber ist die Temperatur an der Luft im Sommer höher als im Wasser, was der Pflanze als Fingerzeig dient. Auch die Tageslänge und das wässrige Milieu selbst scheinen eine Rolle zu spielen.

Nicht nur beim Wasser-Hahnenfuß

Die Möglichkeit, je nach Bedingungen verschieden gestaltete Blätter auszubilden, finden wir auch bei anderen Wasserpflanzen, insgesamt sind es aber nur wenige Arten. Das Echte Pfeilkraut *(Sagittaria sagittifolia)* bildet lange und bandförmige Unterwasserblätter. Die Blätter, die aus dem Wasser schauen, haben die typische Pfeilform mit den beiden nach hinten gerichteten Zipfeln. Gleichzeitig besitzt das Pfeilkraut auch kreisförmige Schwimmblätter – es fehlt der Pflanze nicht an Einfallsreichtum.

Wasser-Hahnenfuß und Pfeilkraut sind amphibische Wesen, die sowohl im Wasser als auch auf feuchtem Land wachsen können. Das unterscheidet sie von der Wasserfeder oder der Seerose, die ausschließlich im Nassen stehen müssen. Aber auch bei Landpflanzen gibt es Modifikationen, nur zeigen sie sich nicht so deutlich.

Viele Laubbäume entwickeln je nach Lichteinfall Sonnenblätter oder Schattenblätter. Wächst ein Blatt der Buche an der Sonne heran, wird es dicker und enthält mehr Blattgrün als ein Blatt, das sich ständig im Schatten befindet. Die Anatomie richtet sich nach den Lichtverhältnissen, das Buchenlaub ist feinfühlig. Licht bestimmt auch die Form der kleinen Blättchen der Rundblättrigen Glockenblume *(Campanula rotundifolia)*; rundliche Blätter entstehen nur in schwachem Licht. Bei höherer Lichtintensität nehmen sie eine längliche und schmale Gestalt an. Wozu das alles? Zweifelsohne sind es Anpassungen, die der Pflanze zum Vorteil gereichen. Wir verstehen nicht immer den tieferen Sinn, die Mechanismen hätten sich aber im Laufe der Stammesgeschichte nicht entwickelt, wenn sie der Pflanze nicht zu einem besseren Leben verhelfen würden.

Ein Beweisstück für Lamarck

Kaum zu glauben, dass der Wasser-Hahnenfuß in der Geschichte der Evolutionstheorie eine Rolle spielt. Doch dem französischen Naturforscher Jean-Baptiste de Lamarck (1744–1829; sein voller Name lautet Jean-Baptiste Pierre Antoine de Monet, Chevalier de Lamarck) kamen die verschiedenen Erscheinungsformen des Wasser-Hahnenfuß gerade recht. Für ihn war dies der Beweis dafür, dass die äußeren Lebensbedingungen eine Art verändern können. Das stand in krassem Gegensatz zu Darwins Evolutionstheorie, die erst später entwickelt wurde. Lamarcks Ideen zu einer Art-Transformation werden heute despektierlich als Lamarckismus bezeichnet; dabei stellte Lamarck als einer der ersten Biologen grundsätzliche Gedanken zur Entstehung der Artenvielfalt und Evolution an. Zu seiner Zeit gab es weder Kenntnisse über Gene noch eine Vererbungslehre; all das kam erst später.

Im Jahre 1809 veröffentlichte Lamarck ein umfangreiches Werk, die »Zoologische Philosophie«, worin er seine Gedanken ausbreitet. Über den Wasser-Hahnenfuß steht darin geschrieben: »Die folgende Tatsache beweist hinsichtlich der Pflanzen, wie Änderungen der Lebensumstände einen Einfluss ausüben und zu Änderungen von Körperteilen führen. Wenn *Ranunculus aquatilis* untergetaucht wächst, sind seine Blätter fein zerteilt und mit haarfeinen Abschnitten versehen; wenn aber die Stängel dieser Pflanze die Wasseroberfläche erreichen, werden die Blätter, so sie sich an der Luft entwickeln, breit, von abgerundeter Form und leicht gelappt. Wenn es einigen Stängeln derselben Pflanze gelingt, in einem lediglich feuchten Boden zu gedeihen, ohne überflutet zu sein, bleiben die Stängel kurz, und keines der Blätter ist in feine Abschnitte geteilt; was zu *Ranunculus hederaceus* führt; welche die Botaniker als Art betrachten, wenn sie sie antreffen.«

Lamarck hat die Fähigkeit der Pflanze, unterschiedlich gestaltete Blätter hervorzubringen, als Beweis betrachtet, dass Organismen sich wandeln und in andere Arten übergehen können. *Ranunculus hederaceus* ist der Efeublättrige Hahnenfuß und sieht der Landform des Wasser-Hahnenfuß tatsächlich zum Verwechseln ähnlich. Lamarck ging davon aus, dass erworbene Eigenschaften an die Nachkommen weitergegeben werden, also vererbt werden. Im Falle des Wasser-Hahnenfuß würde dies bedeuten, dass die Landform, die scheinbar zu einer anderen Art geworden ist, nun stets so bleibt. Das war ein Denkfehler, den Lamarck mit ein bisschen Experimentieren selbst hätte bemerken können.

200 Jahre Naturforschung seit Lamarck haben viele neue Erkenntnisse gebracht, und heute wäre der berühmte Gelehrte eines Besseren belehrt. Die Verdienste Lamarcks müssen aber anerkannt werden, gilt er doch als Begründer der modernen Zoologie der wirbellosen Tiere. Zudem schuf er den Begriff »Biologie«.

Abgesehen von solchen evolutionstheoretischen Überlegungen bietet ein Bach oder ein See mit blühendem Wasser-Hahnenfuß ein prächtiges Bild. Das gilt noch viel mehr für die folgende Pflanze.

Die primitive Wasserlilie

Weiße Seerose

(Nymphaea alba)

Ketzin, im Juli. Auf einem kleinen namenlosen See breitet sich ein Teppich der Weißen Seerose aus. Es sind sicher an die 100 Blüten, die zwischen den runden Blättern wie Teelichter auf dem Wasser stehen. Auch den beiden Schwänen gefällt es offensichtlich inmitten des Geschehens. Ein malerisches Bild, das sich dem Besucher offenbart.

Die Weiße Seerose ist die beliebteste aller Teichpflanzen und fehlt in keinem Park und Landschaftsgarten. Seerosen sind außergewöhnlich, ja im Vergleich zu den übrigen Wasserpflanzen in unserer Flora geradezu fremdartig. Die großen Blüten, die scheinbar dem Wasser aufliegen, tragen sicher dazu bei – sie sind mit einem Durchmesser von zehn bis fünfzehn Zentimeter die größten Blüten der heimischen Pflanzenwelt. Seerosen machen dem Namen »Schwimmblattpflanze« mit den tellergroßen Blättern alle Ehre. Luftgefülltes Gewebe in den Blattstielen und den Blättern sorgt dafür, dass die Blätter immer auf dem Wasser liegen. Eine wasserabweisende Wachsschicht auf der Blattoberseite verhindert, dass die Spaltöffnungen von Wasser bedeckt sind.

Als Schlammwurzler ist die ausdauernde Pflanze im Seegrund fest verankert; aus einem dicken und stärkehaltigen Wurzelstock entspringen die bis zu drei Meter langen Blatt- und Blütenstiele. Auch dies stellt einen Rekord der heimischen Flora dar.

Kein Wunder, dass die ästhetisch so ansprechenden Seerosen auch den Weg in die Kunst fanden. Der französische Maler und Impressionist Claude Monet (1840–1926) beschäftigte sich in seinen letzten 30 Lebens- und Schaffensjahren intensiv mit Seerosen; in dieser Zeit entstanden einige seiner berühmtesten Werke. Seerosen gediehen auf seinem Gartenteich und standen Modell für seine Gemälde. Die Weiße Mummel, wie die Pflanze auch genannt wird, spielt heute noch in der Gartengestaltung eine überaus wichtige Rolle, zusammen mit ein paar weiteren Arten aus fernen Ländern.

Seerosen sind anders als Wasser-Hahnenfuß oder Wasserfedern. Sie nehmen eine besondere Stellung im systematischen System der Pflanzenfamilien ein und ihre Biologie ist außergewöhnlich.

Seerosen in aller Welt

Die Gattung *Nymphaea* ist weltweit mit nur etwa 40 Arten vertreten. Das sind wenige Arten im Vergleich zu anderen Gattungen wie Wildrosen *(Rosa)* oder Weiden *(Salix)*, von denen es mehrere 100 Arten gibt. Dennoch sind Seerosen auf allen fünf Kontinenten vertreten. Die meisten Arten wachsen jedoch in den Tropen. Monet hätte an den blauen Blüten der *Nymphaea gigantea* aus Australien und Neuguinea seine helle Freude gehabt, ebenso an den purpurnen Blüten der *Nymphaea rubra* aus Asien.

Die Familie der Seerosengewächse – Nymphaeaceae mit wissenschaftlichem Namen – umfassen außer der Gattung Seerose noch ein paar wenige weitere Gattungen wie die gelbblühenden Teichrosen und die merkwürdigen *Barclaya*-Arten. Letztere wachsen in Flüssen der Regenwälder Südostasiens. Die vier Arten der Gattung fallen aus dem Rahmen, weil sie statt Schwimmblättern vollkommen untergetauchte Blätter bilden und die Pflanze mehr einer Alge gleicht. Die Blüten aber werden wie bei den Seerosen über dem Wasser angelegt und öffnen sich an der frischen Luft. Die *Barclaya*-Arten sind beliebte Aquarienpflanzen. Übrigens vermag auch die Weiße Seerose Unterwasserblätter auszubilden. Sie entstehen hauptsächlich in der kalten Jahreszeit und gleichen hellen Salatblättern.

Das bekannteste Seerosengewächs ist sicher die Amazonas-Riesenseerose *(Victoria amazonica)* aus dem Amazonas in Südamerika. Ihr Aussehen gleicht den Seerosen, nur ist alles ein bisschen größer: Die untergetauchten Blattstiele werden bis zu acht Meter lang, die Blätter erreichen drei Meter Durchmesser und die Blüten 40 Zentimeter. Die Blattränder sind nach oben geschlagen, sodass ein Blatt einer Obstkuchenform gleicht. Die Riesenseerose gehört gewiss zu den wenigen Pflanzenarten, für die so mancher botanische Garten ein eigenes Haus erbaute, das Victoria-Haus. Die ebenfalls berühmte Indische Lotosblume *(Nelumbo nucifera)* wird trotz der Ähnlichkeit mit den Seerosen heute einer anderen Familie zugeordnet.

In Deutschland ist die Familie der Seerosengewächse mit vier wildwachsenden Arten vertreten. Zur Weißen Seerose gesellen sich die seltene Glänzende Seerose *(Nymphaea candida)* und zwei Teichrosen-Arten, die Gelbe Teichrose *(Nuphar lutea)* und die

Kleine Teichrose *(Nuphar pumila)*. Letztere ist sehr selten und kann etwa in der Nähe des Bodensees gefunden werden.

Spannende Blüten und Früchte

Die Weiße Seerose wartet mit ein paar Besonderheiten auf, die niemand erraten würde. Da sind einmal die großen Blüten, die sich frühmorgens öffnen und bis etwa vier Uhr nachmittags geöffnet bleiben. Danach biegen sich die Blütenblätter nach innen und schließen sich zu einer Kugel. Seerosenblüten werden hauptsächlich von Käfern aufgesucht, die vom Pollen fressen und auch als Bestäuber wirken. Die Käfer nutzen die Blüten gerne als Herberge, um die Nacht zu verbringen. Ein paradiesischer Ort, Nahrung steht zum Greifen nahe, und wenn sich die Kuppel über ihnen schließt, sind sie wohlbehütet und ungestört.

Aus jeder Blüte wird einmal eine Frucht mit den Samen. Bei der Weißen Seerose sind auch sie ungewöhnlich. Die reifen Früchte bekommt man kaum zu Gesicht, denn nach der Befruchtung der Blüte wird die heranreifende Frucht durch Verbiegen des Blütenstiels unter Wasser gezogen. Sie reifen im Wasser und entwickeln sich zu fleischigen und schwammigen Gebilden von bräunlicher Farbe, die sich wie Schaumstoff zusammendrücken lassen und deren kugelige Form etwa 17 Zentimeter im Durchmesser misst. Jede Frucht enthält mehrere 100 etwa reiskorngroße Samen, welche mit luftgefüllten Schwimmsäcken ausgestattet sind. Wenn die Frucht allmählich auseinanderfällt, steigen die Samen zur Wasseroberfläche auf und lassen sich durch Wind und Wasserströmungen verbreiten. Nach zwei bis drei Tagen lösen sich die Schwimmsäcke auf, die Samen sinken auf den

Grund und sind bereit, auszukeimen und zu neuen Seerosen heranzuwachsen. Der Verbreitungsmechanismus der Seerose ist also vollkommen auf Wasser eingestellt.

Ich habe die Bestäuber der Weißen Seerose schon erwähnt. In der Natur beschäftigen sich noch ganz andere Tiere mit Seerosen, und was sie mit dem Gewächs anstellen, hat bis vor Kurzem niemand erwartet.

Seerosen und Tierverbreitung

Neuere Studien förderten erstaunliche Beziehungen zwischen den Früchten der Weißen Seerose und Tieren zutage, die als Samenverbreiter agieren. Es scheint, als würden die Samen nicht nur durch Wind und Wasser verbreitet werden.

So konnten spanische Wissenschaftler nachweisen, dass die Europäische Sumpfschildkröte erfolgreich die Samen der Weißen Seerose verbreitet, und zwar durch Verdauungsausbreitung. Den Mechanismus kennen wir bestens von unseren Vögeln, die Beeren fressen: Die Samen der Früchte passieren unbeschadet den Darm und gelangen mit dem Ausscheiden an neue Orte. Nicht nur Vögel praktizieren diese Technik, sondern auch Säugetiere, Eidechsen, Schlangen, Frösche und sogar Krokodile verbreiten so Pflanzensamen, wie Studien aus aller Welt zeigten.

Die Biologen fingen zehn Sumpfschildkröten ein und behielten die Tiere für ein paar Tage in einem Terrarium, um den Kot zu erhalten. Diesen prüften sie auf das Vorhandensein von Seerosensamen – und wurden fündig. Ein Häufchen enthielt bis über 700 Samen – unbeschädigt und allesamt keimfähig. Somit ist klar, dass die Europäische Sumpfschildkröte im Leben einer Seerose eine wichtige Rolle spielen kann. Da die Schildkröten auch auf dem Land unterwegs sind, werden die Seerosensamen über Land transportiert. So können sie von einem Gewässer in ein anderes gelangen. Ein riesiger Vorteil gegenüber der Wasserausbreitung, bei der die Samen lediglich im selben Gewässer herumkommen.

Die Samen vieler Wasserpflanzen bleiben im Gefieder von Wasservögeln hängen und werden so per Luftpost verfrachtet. Das scheidet aber bei der Seerose aus, denn die glatten Samen kleben kaum am Gefieder der Vögel.

Seerosen als Nahrungslieferant

Die Sumpfschildkröten fressen also die Früchte der Weißen Seerose. Der Befund stürzt beinahe ein Dogma um, denn die Europäische Sumpfschildkröte galt lange Zeit als fleischfressendes Tier, das sich von Krebsen, Muscheln, Insektenlarven, kleinen Fischen und Kaulquappen ernährt. Die spanischen Biologen gehen davon aus, dass Seerosenfrüchte für die Schildkröten eher eine Notlösung sind, wenn sie zu wenig tierische Beute finden.

Andere Tiere suchen ebenfalls die Weiße Seerose auf. Eine interessante Beobachtung machten indische Wissenschaftler im September 2002 im »Pakhui Wildlife Sanctuary«. Das Naturschutzgebiet liegt im hügeligen Vorland des Himalaya und beherbergt eine Vielzahl von Pflanzen und Tieren. Weite Teile sind von einem halbimmergrünen Wald bedeckt. Die Forscher untersuchten das Nahrungsspektrum einer wenig bekannten Affenart, dem Kappenlangur. Die Biologen staunten nicht schlecht, als sie ein paar Tiere in einem Teich sahen – bis zu den Schultern im Wasser stehend und die Weiße Seerose fressend, die auch in Indien vorkommt. Andere Tiere holten sich vom Ufer aus Blätter,

Blattstiele und Blüten der Wasserpflanze, um sie genüsslich zu verzehren. Ein außergewöhnliches Verhalten für ein Tier, das sich normalerweise in den Baumkronen aufhält und von Blättern, Rinde und Baumfrüchten lebt. Die Forscher glauben, dass die Languren während der Trockenzeit auf die saftige Seerose zurückgreifen, um genügend Nahrung zu bekommen. Eine Analyse der Bestandteile der Seerose ergab einen hohen Gehalt an Proteinen und Mineralstoffen. Es scheint, dass die Affen eine ideale Nahrungsergänzung in einer Jahreszeit gefunden haben, in der die Bäume feste und faserreiche Blätter anbieten, ohne großen Gehalt an Energie und schwer verdaulich.

Eine ganz andere Wechselwirkung zwischen der Seerose und Tieren entdeckten französische Biologen, die sich mit Blässhühnern befassten. Die schwarzen Vögel sind durch ihren weißen Schnabel und die weiße Stirnzeichnung unverkennbar. Auf einem See im Westen des Landes, dem »Lac de Grand-Lieu« finden sich in den Sommermonaten Tausende von Blässhühnern ein. Die Vögel sind Allesfresser, sie vertilgen Schilf, Algen, Gras und Wasserpflanzen, aber auch Muscheln, Schnecken, Insekten und Würmer. Nun ist der See ein flaches und ruhiges Gewässer, auf dem sich Schwimmblattpflanzen wie Seerose und Wassernuss förmlich ausbreiten können und große Teile des Sees bedecken. Wenn nun Blässhühner in die Seerosen gehen, geschieht Merkwürdiges. Die Biologen konnten beobachten, dass die Vögel den Blattstiel eines Seerosenblatts anpicken und durchtrennen, um dann das Blatt hochzuheben und zu wenden. Sie suchen auf der Blattunterseite nach anhaftenden Insektenlarven und Schnecken oder anderen kleinen Wirbellosen. Vögel sind findig! Die Blätter fressen sie nicht, sie nutzen Seerosen nur als Fundort für Nahrung.

Am Fuß des Stammbaums

Botaniker betrachten Seerosen als primitive Pflanzen. Nicht im Sinne von ungehobelt oder kümmerlich, sondern im Sinne von ursprünglich. Der Blütenaufbau einer Seerose weist Merkmale auf, die auf eine sehr lange Stammesgeschichte schließen lassen. Es gibt Gemeinsamkeiten zwischen Seerosen und anderen Gewächsen, die zunächst verblüffen. Aber wenn Sie die Blüte einer Seerose in einen blühenden Magnolienbaum halten, gleichen sich die Blüten doch ziemlich! Was Magnolien mit Seerosen verbindet, ist die Anordnung der Blütenorgane wie Staubblätter und Blütenblätter. Bei beiden sind sie schraubig an der zentralen Achse befestigt und stehen nicht auf Kreisen, wie das bei den allermeisten anderen Blütenpflanzen der Fall ist. Eine schraubige Anordnung der Blütenteile gilt als urtümliches Merkmal. Bei den Säugetieren etwa ist das Schnabeltier urtümlich und evolutionsmäßig alt, weil es wie die Reptilien Eier legt. Es wird auch als Ursäuger bezeichnet, analog dazu ist unsere Seerose so etwas wie eine Urblütenpflanze. Auch die hohe Anzahl von Blütenblättern – bei der Weißen Seerose sind es rund 20 – weist auf eine alte Stammesgeschichte hin. Die modernen Blütenpflanzen haben nur wenige Blütenblätter, meistens fünf.

Pflanzensystematiker stellen Seerosen daher an die Basis des Stammbaums aller Blütenpflanzen. Sie sind urtümlich, auch wenn sie nicht den Anschein erwecken. Seerosen sind überaus faszinierende Wasserpflanzen, vielseitig vernetzt und immer wieder für Überraschungen gut.

IM HOCHGEBIRGE

Kuschelig und warm, trotz klirrender Kälte

Stängelloses Leimkraut
(Silene acaulis)

Schönau am Königssee, im Juli. Der Watzmann mit 2.713 Meter Höhe beherrscht die Szene. Hier in den Berchtesgadener Alpen zeigen sich die nördlichen Kalkalpen von ihrer schönsten Seite. Ein Wanderparadies, das von leichten Tagestouren bis zu anspruchsvollen Klettertouren alles bietet. Auch die Flora ist eindrücklich und artenreich. In den Alpenmatten und an den Felsen wachsen einige Pflanzenarten der Ostalpen, die im übrigen bayerischen Alpenraum kaum zu sehen sind, wie etwa die Kleinblütige Akelei *(Aquilegia einseleana)*.

Auf manchen Felsblöcken und an gewissen Stellen der Alpenmatten erblicken wir Pflanzen von niedrigem Wuchs, die vollkommen untypisch aussehen. Statt aus anständigen Stängeln und Blättern bestehen sie aus grünen Polstern, etwas unregelmäßig geformt und von dichtem Wuchs. Kleinen Kissen gleich schmiegen sie sich dem Untergrund an und wenn sie blühen, sind sie von rosaroten Blüten übersät, die knapp über dem Polster stehen. Sie sehen wie Plastiksterne aus, die jemand ins Polster gesteckt hat. Der Aufbau der Blüten zeigt, dass die Pflanze zu den

Nelkengewächsen gehört, aber mit einer Nelke hat der Rest der Pflanze nicht viel gemeinsam. Es ist das Stängellose Leimkraut, das hier in der Gegend oft angetroffen werden kann.

Eine alpine Erscheinung

Das Stängellose Leimkraut ist eine Polsterpflanze. Unzählige kleine Blattrosetten drängen sich dicht aneinander und bilden das Polster. Zunächst einmal stellt sich eine einfache Frage: Sind hier viele kleine Pflänzchen zu einer eng beisammen stehenden Gruppe vereint oder steckt eine Einzelpflanze im Fels oder Boden? Von außen lässt sich das nicht erkennen, doch solch ein Polster ist tatsächlich ein einzelnes Pflanzenindividuum. Mit einer kräftigen Wurzel verankert sich die Pflanze im Untergrund. Was ein Berggänger zu Gesicht bekommt, ist lediglich die stark verzweigte »Baumkrone« des Polsters, die kleinen Blattrosetten entspringen den dünnen Zweigen. Das unterscheidet eine Polsterpflanze von einem Moospolster. Die dichten Mooskissen eines schattigen Walds bestehen aus vielen einzelnen Moospflänzchen.

Polsterpflanzen stellen eine ganz besondere Wuchsform der Blütenpflanzen dar, die sich von einer gewöhnlichen Staude stark unterscheidet. Botaniker sprechen gar von einer Krüppelwuchsform, was eher nach Missbildung klingt als nach einem perfekten Design pflanzlicher Konstruktion. Dass aber eine Polsterpflanze eine Staude wie viele unserer Gartenblumen ist, versteht sich von selbst, denn auch das Stängellose Leimkraut lebt als mehrjährige Art, die überwintert und aus Knospen wieder austreibt. Außerdem verholzt sie nicht, sonst wäre sie ein Gehölz. Was bei einer Polsterpflanze im Vergleich zu einer normalen Staude extrem verkürzt ist, sind die Stängel; dafür sind diese viel stärker verzweigt. Polsterpflanzen stellen eine kompakte Wuchsform dar. Wenn in der Landschaft mehrere Polster aneinanderwachsen, bilden sie einen Teppich.

Bei uns sind Polsterpflanzen typische Hochgebirgspflanzen. Ihre Wuchsform bietet viele Vorteile in einer von Kälte, Hitze, intensiver Sonneneinstrahlung und Trockenheit geprägten Welt. Das Klima im Hochgebirge ist harsch und extreme Temperaturen verlangen den Alpenblumen einiges ab. Unsere Pflanze steigt in den Alpen immerhin bis auf 3.400 Meter Höhe an, in tieferen Lagen sucht man sie vergebens. Die Art wächst auch in Nordamerika, man findet sie dort sogar bis in 4.200 Meter Höhe.

Unser Leimkraut ist aber längst nicht die einzige Polsterpflanze der Alpen. Mehrere Arten von Mannsschild bilden Polster, der Gegenblättrige Steinbrech und ein paar weitere. Polsterpflanzen finden sich in allen Gebirgen der Welt. Besonders eindrücklich sind die riesigen Polster der Yareta *(Azorella compacta)* in den südamerikanischen Anden. Die Pflanze wächst in Lagen zwischen 3.500 und 5.200 Meter Höhe, ihre Polster erreichen eine Mächtigkeit von anderthalb Meter. Lange Zeit wurden die harten Kissen förmlich abgebaut und als Brennmaterial verfeuert, wodurch die Pflanze selten geworden ist. In Tibet gedeiht eine Polsterpflanze namens *Thylacospermum caespitosum* noch auf 5.900 Meter Höhe, manche ihrer Kissen messen anderthalb Meter im Durchmesser. Da Polsterpflanzen nur langsam wachsen, dürften solch riesige Polster mehrere Jahrzehnte alt sein.

Erstaunlicherweise findet sich dieselbe Wuchsform auch in Wüsten und anderen Gebieten, in denen der Sommer trocken ist. Es scheint, dass Polsterwuchs eine ideale Anpassung an solche

Verhältnisse darstellt. Wie aber zeigen sich die Vorteile für die Pflanze gegenüber normalem Wuchs?

Polsterpflanzen haben einen riesigen Vorteil bei extremen Wetterverhältnissen, denen Hochgebirgspflanzen und Wüstenpflanzen gleichermaßen ausgesetzt sind: Das Innere eines Polsters ist von der Außenwelt abgeschirmt. Die dichten Blättchen bilden eine isolierende Schicht, ähnlich einem Kissentuch. Das Innere des Kissens ist angefüllt mit abgestorbenen Blättern, die Luft ist feuchter als außen. Das Polster ist ein sicherer Ort für die Knospen, auch wenn draußen scharfer Frost herrscht oder die Sonne gnadenlos brennt. Das Klima im Polster ist gänzlich anders als draußen, ausgeglichen, geradezu angenehm und gemütlich.

Willkommenes Zuhause

Kanadische Botaniker hatten das Stängellose Leimkraut in den Rocky Mountains eingehend untersucht und das Mikroklima im Innern eines Polsters mit den Außenbedingungen verglichen. Sie steckten Thermometer und Feuchtigkeitsfühler in verschiedene Polster und erfassten mit automatischen Aufzeichnungsgeräten halbstündlich die Werte. Sie zeichneten so das Mikroklima vom 17. Juli 2010 bis zum 25. August 2010 auf. Als Vergleich zur Messung der Außenbedingungen führten sie dieselben Messungen in Bodennähe anderer Pflanzen durch.

Die Studie zeigte, dass sowohl Luftfeuchtigkeit als auch Temperatur im Polster während eines Tages viel weniger schwankten als im offenen Gelände. Die Temperatur innerhalb eines Polsters erreichte höchstens 25 Grad Celsius, während das Thermometer im Gelände an manchen Tagen auf über 35 Grad kletterte. Eine Polsterpflanze wirkt also wie ein kleines Gewächshaus. Das lädt doch Gäste ein! Als Käfer oder Ameise in den Alpen würde ich wohl auch gerne ein Polster aufsuchen und mich zwischen den Blättern und Stängeln verkrümeln, um draußen ein Unwetter vorüberziehen zu lassen oder um Kälte und Hitze zu entgehen.

Die Wissenschaftler untersuchten auch die Vielfalt an Gliedertieren in den Polstern des Stängellosen Leimkrauts und verglichen die Werte wiederum mit Proben des Bewuchses ohne Polster. Dazu verwendeten sie einen kleinen Staubsauger mit einer Auffangeinrichtung, um die Tiere schonend aus der Vegetation herauszubekommen.

Die Forscher stellten fest, dass Polster des Stängellosen Leimkrauts tatsächlich viel mehr Krabbeltier-Arten beherbergten als ein Stück Vegetation ohne Leimkraut. Auch die Häufigkeit mancher dieser Arten ist in den Polstern ungleich höher als außerhalb davon. Die Polster sind bewohnt, sie sind ein Zuhause für einen ganzen Zoo von Insekten und anderen Gliedertieren, von Fliegen bis zu Käfern, Hundertfüßern und Spinnen. Der Pflanze schaden die Tiere nicht, solange sie es nicht auf Blätter und Wurzeln abgesehen haben. Vielleicht profitiert die Pflanze sogar, wenn die Tiere Exkremente abgeben oder abgestorbene Tiere zersetzt werden.

Eine Ammenpflanze

Nicht nur kleine Krabbeltiere fühlen sich in Polsterpflanzen wohl. Manchmal spitzt eine andere Pflanzenart mitten aus dem Polster des Leimkrauts hervor. Offensichtlich konnte ein Same zwischen den Blättchen keimen und heranwachsen. Auch das bestätigten die kanadischen Forscher: Polsterpflanzen wirken auf andere Pflanzen attraktiv. Sie stellen anderen eine Kinderstube zur Verfügung – daher sprechen Biologen im Englischen von »nurse plant«; auf Deutsch etwa »Ammenpflanze«. Eine solche Hilfestellung und Förderung beobachteten Biologen schon lange bei anderen Pflanzen. In Wüsten wirken Sträucher und Bäume oft als Ammenpflanzen, in deren Schatten niedrig wachsende Pflanzen leichter Fuß fassen als direkt in der sengenden Sonne. Das funktioniert allerdings nur bei Pflanzen, die keine giftigen Stoffe in den Boden abgeben. Der Walnussbaum würde nie die Rolle einer Ammenpflanze übernehmen!

Die Wirkung des Stängellosen Leimkrauts als Geburtsstätte anderer Pflanzenarten wurde von schwedischen Botanikern eingehend untersucht. Die Polsterpflanze wächst auch im Norden Skandinaviens. In ihren Polstern hatten die Forscher insgesamt 35 verschiedene Pflanzenarten gefunden, vom Alpen-Hornkraut *(Cerastium alpinum)* bis zur Polar-Weide *(Salix polaris)*. Auch der Gletscher-Hahnenfuß befand sich darunter, eine Pflanze, der wir noch begegnen werden. Natürlich ist der Ausgang ungewiss, wenn ein Fremder sich im Polster breit macht – wird er das Polster überwachsen und das Ende der Leimkrautpflanze einläuten oder stört er nicht weiter? Das hängt stark von der Wuchsform ab, die im Polster steckt. Im Falle der Polar-Weide ist der Untergang des Polsters wohl vorgezeichnet, denn der Zwergstrauch hat verholzende Äste und ist ungleich stärker als das Leimkraut.

Für den alpinen Lebensraum und in den anderen Gebirgen der Erde spielen Polsterpflanzen durch ihren positiven Einfluss auf viele weitere Arten eine überaus wichtige Rolle. Sie fördern die Artenvielfalt und erhalten sie durch ihre schützenden Kissen. Wenn auf einem Felsblock Polsterpflanzen wachsen, bilden sie ein kleines Mini-Ökosystem – eine winzige Artengemeinschaft.

Die berühmteste aller Alpenblumen

Edelweiß
(Leontopodium nivale)

Schönau am Königssee, im August. Der Watzmann als höchste Erhebung der Berchtesgadener Alpen beherrscht die Szene. Doch wir wandern lieber auf den Schneibstein, mit 2.276 Meter Höhe ebenfalls ein respektabler Zweitausender, der sich leicht erklimmen lässt. Wir merken sofort, dass wir uns in den Kalkalpen befinden. Überall liegt Geröll herum, die Alpenmatten sind steinig. In der Nähe des Gipfels stoßen wir auf die weißliche Alpenblume, das Edelweiß. Das Gewächs ist sicher die bekannteste aller Alpenblumen und ziert Spazierstöcke, Hüte, Bierdeckel, Trinkgläser, T-Shirts und vieles mehr. Unzählige Ferienchalets, Berghütten und Restaurants tragen den Namen »Edelweiß«. Das Edelweiß ist zu einem Sinnbild der Berge und Almen geworden wie keine andere Pflanze.

Ich erinnere mich an eine Wanderung in den Walliser Bergen in der Schweiz, auf der ich zwei jungen Amerikanerinnen begegnet bin. Sie fragten mich nach dem Weg, wir kamen ins Gespräch und die beiden Touristinnen wollten wissen, wo sie denn Edelweiß sehen könnten. Die Pflanze ist in der Welt so bekannt, dass sogar im Englischen der Name »edelweiss« zum Wortschatz gehört.

Dabei bietet die Blume gar keine bunt gefärbten oder geometrisch perfekt geformten Blüten wie andere Pflanzen. Der Anblick einer blühenden Feuer-Lilie *(Lilium bulbiferum)* oder des Schwarzen Kohlröschens *(Nigritella nigra)*, eine Orchidee, ist da weitaus spektakulärer! Andererseits – das Edelweiß sieht einfach blendend aus. Vor allem, wenn die Sonne scheint und das Weiße am Edelweiß silbrig gleißt. Diese sternförmigen Gebilde sind von unregelmäßiger Gestalt und erinnern vielmehr an Wattestäbchen. Überhaupt ist die ganze Pflanze behaart. Kein Zweifel, das Edelweiß ist ein ungewöhnlicher Bewohner der Alpen und wartet mit ein paar Besonderheiten auf.

Ungewöhnliche Blüten

Die Pflanze ist bemerkenswert, und zwar genau wegen den weißen Büscheln am Ende der Stängel. Sind dies einzelne Blüten oder Bestandteile von Blüten? Warum sind sie so ungleichförmig? Eine Antwort auf diese Fragen bekommt, wer sich auf den Boden legt und mit einer Lupe in aller Ruhe ein Edelweiß untersucht. Dann braucht es nur noch eine Erinnerung an die Sonnenblume und das Geheimnis ist gelüftet.

Die Gattung *Leontopodium* zählt wie die Sonnenblume zu den Korbblütlern. Markenzeichen der Familie ist, dass das, was wir als einzelne Blüten betrachten – der riesige Teller einer Sonnenblume mit den gelben Blütenblättern am Rand – in Wirklichkeit ein Blütenstand ist. Also eine Vereinigung zahlreicher kleiner Blüten auf einem gemeinsamen Ständer oder bei dieser Familie auf einem gemeinsamen Körbchen. Ist das Körbchen klein und

halb kugelig, sprechen Botaniker gerne auch von Blütenköpfchen. Der Stängel weitet sich am oberen Ende und kann so die vielen Einzelblüten beherbergen. Bei der Sonnenblume stehen sie dicht an dicht, jedes Blütchen hat fünf Kronzipfel, eigene Staubblätter und einen eigenen Fruchtknoten.

Die großen Blütenblätter am Rande sind ebenfalls einzelne Blüten, allerdings besonders gestaltete. Statt winziger Kronblätter, Staubblätter und Fruchtknoten tragen sie ein Riesenkronblatt. Sie dienen als Schauapparat, um Insekten anzulocken.

Damit wird die Funktionsweise von Korbblütlern klar. Der gesamte Blütenstand wirkt als Einheit, als wäre er eine einzelne Blüte. Insekten werden vom Duft und von den großen Kronblättern angelockt und finden dann einen runden Boden vor, der mit Nektarspendern und Pollenlieferanten gepflastert ist. Das reinste Schlaraffenland.

Und nun zurück zu der Bergwiese mit dem Edelweiß. Bei ihm sind die Blütenkörbchen klein, lassen sich aber als runde Knöpfe in der Mitte eines Sterns leicht erkennen. Es sind immer mehrere Blütenkörbchen zu einer Gruppe vereint, die von dem auffallenden Kranz weißer Wattebäusche umgeben sind. Diese sind botanisch gesehen Hochblätter – besonders gestaltete Laubblätter am Ende des Stängels, die zum Blütenstand gehören. Die Hochblätter sind besonders dicht mit dem wolligen Filz bedeckt und stehen stellvertretend für Blütenblätter. Sie signalisieren den Insekten schon von Weitem, dass es hier etwas zu holen gibt, sie sind der Schauapparat des Blütenstands.

Die eigentlichen Blüten des Edelweiß sind winzig und stehen dicht gedrängt in den Blütenkörbchen. Man mag es kaum glauben, dass jedes der Blütenkörbchen 60 bis 80 winzige Blüten enthält. So offenbart sich die komplexe Architektur der Alpenblume. Eine einzelne Edelweißpflanze vereint zwischen 100 und 1.000 der winzigen Blüten, organisiert auf zwei Ebenen: Blütenkörbchen und Gruppen von Blütenkörbchen. So liegt beim Edelweiß ein vielschichtiger Aufbau vor: Die Blüten stecken in Blütenständen namens Köpfchen, die Köpfchen sind zu einem Köpfchenstand vereint und weißfilzige Hochblätter umrahmen das ganze Gemälde.

Wer besucht das Edelweiß?

Die ganze Erscheinung der Alpenblume ist ziemlich einmalig in unserer Flora und lange Zeit sannen Botaniker über mögliche Bestäuber nach. Der Pflanze fehlen farbige Signale wie bei den anderen Arten. Wer also sollte das Edelweiß aufsuchen? Tatsächlich dachten Botaniker des 19. Jahrhunderts, dass das Edelweiß nur selten von Insekten aufgesucht wird und Samen auch ohne Bestäubung gebildet werden können. Bei vielen Pflanzenarten geschieht dies, wenn Bestäuber ausfallen. Aber niemand hatte die Blütenökologie des Edelweiß richtig untersucht.

Das war der Grund, warum sich ein Schweizer Botaniker der Frage annahm und eine umfangreiche Studie über Bestäuber des Edelweiß durchführte. Andreas Erhardt von der Universität Basel legte sich in den Schweizer Alpen auf die Lauer und beobachtete, wer alles auf dem Edelweiß landete. Da kam eine erstaunlich lange Liste zusammen! Insgesamt konnte er über 25 verschiedene Insektenarten bestimmen, die auf den Edelweiß-Sternen landeten und offensichtlich als Bestäuber agierten. Der überwiegende Teil von ihnen waren diverse Fliegen. Die Insekten flogen die Pflanze nur bei gutem Wetter an, dann aber sehr oft.

Als Beweis, dass Fliegen und Co. die Pollen wirklich übertragen, sammelte er einige der Insekten und prüfte sie auf Anwesenheit von Pollenkörnern, die am Körper klebten. Der Befund war klar und Erhardt sieht im Edelweiß eine typische Fliegenblume. Dafür spricht auch der Duft, der aus einer Mischung von süßem Honiggeruch und Schweißgeruch besteht, was Fliegen lieben. Erhardt sammelte auch den Blütennektar, um ihn chemisch zu analysieren. Neben Fruchtzucker und Traubenzucker enthielt der Nektar mehrere Aminosäuren, die zu einer gesunden Insektennahrung gehören. Es gibt keinen Zweifel, dass das Edelweiß Insekten anlockt, um die Blüten zu bestäuben.

Ausgerüstet für ein Leben im Hochgebirge

Das Edelweiß zeigt ein paar markante Anpassungen an seinen Lebensraum, die hochalpine Landschaft. Es wächst am häufigsten zwischen 1.800 und 3.000 Meter Höhe, kann aber auch in Höhen von 3.400 Meter gedeihen. Bevorzugte Wuchsorte sind steinige Alpenrasen und Felsspalten. Gelegentlich kann die Pflanze auch in tieferen Lagen angetroffen werden, etwa im Jura oder auf der Alpensüdseite.

Im Gebirge sind das Edelweiß und viele andere Alpenblumen starker Sonneneinstrahlung, Trockenheit und tiefen Temperaturen ausgesetzt. Die starke Behaarung des Edelweiß ist einerseits ein Schutz vor zu starker Verdunstung, andererseits schützt sie das darunterliegende Gewebe auch vor starker UV-Strahlung. Um Frostschäden vorzubeugen, enthalten die Zellen der Stängel und Blätter Frostschutzmittel, die den Gefrierpunkt des Zellsafts herabsetzen. In ihren Zellen findet sich eine große Menge an wässriger Lösung. Wenn diese gefriert, droht die Zelle zu zerreißen, weil sich gefrierendes Wasser ausdehnt. Der Wurzelstock ist kräftig ausgebildet und enthält genügend Speicherstoffe, um nach dem Winter neue Triebe zu bilden.

Hightech-Haare

Die Haare des Edelweiß sind ein Meisterwerk pflanzlicher Feinmechanik, wie ein Team von belgischen, ungarischen und amerikanischen Wissenschaftlern herausgefunden hat. Die Physiker und Materialwissenschaftler untersuchten die Feinstruktur der Haare und ihre Eigenschaften. Dazu waren Hightechgeräte wie Elektronenmikroskop und komplizierte Messgeräte nötig. Die Forscher interessierte der Feinbau und die optischen Eigenschaften des Edelweißpelzes.

Die Befunde überraschen. Ein einzelnes Haar des Edelweiß besteht aus einer Vielzahl ultradünner und paralleler Fasern, es gleicht im Aufbau einem dicken Stahlseil, das ebenfalls aus vielen dünneren Drähten zusammengesetzt ist. Allerdings sind die Haare des Edelweiß hohl, die Fasern bilden eine Röhre. Die Haare sind durchsichtig, für UV-Licht aber kaum durchlässig, wie optische Messungen der Wissenschaftler zeigten. Eine Spitzentechnologie, die hier zum Einsatz kommt und der Pflanze ihr blendend weißes Aussehen beschert. Das Edelweiß umgibt sich mit einer hochwirksamen Sonnenbrille, die UV-Licht nicht durchlässt, die anderen Lichtstrahlen aber schon. So kann die Pflanze unter ihrem Kleid Fotosynthese betreiben. Dank der eingeschlossenen Luft im Gewirke aus Fasern wirkt der Pelz auch als Wärmeisolation.

Der Effekt des wolligen Filzes gleicht dem eines Knäuels Glaswolle oder Zuckerwatte. Das eigentliche Material ist durchsichtig, durch die unzähligen dünnen Fasern und die viele Luft in den Zwischenräumen aber wirkt das Ganze weißlich durchscheinend.

Wie aber kommen Physiker und Materialwissenschaftler dazu, das Edelweiß zu untersuchen? Das Prinzip könnte technisch angewandt werden, meinen die Wissenschaftler. Beispiele seien Sonnenschutzcremes oder spezielle Farben, bei denen ein UV-Schutz gewünscht ist. Also doch Kommerz? Ich sehe schon Edelweißfelder vor mir, auf denen Erntemaschinen das wertvolle Weiß einsammeln.

Wie kam das Edelweiß in die Alpen?

Die Gattung *Leontopodium* steht mit ihrer einzigen Art in Europa isoliert und alleine da. Wie anders ist das doch bei anderen Gattungen wie dem Habichtskraut, bei dem die Botaniker Dutzende ähnlich aussehender Arten alleine aus Deutschland kennen.

Das führt mich zur Frage der Herkunft des Edelweiß. Immer, wenn eine bestimmte Pflanzenart merkwürdige und ungewöhnliche Eigenschaften aufweist, die bei keiner anderen Art beobachtet werden können, stellt sich die Frage der Nächstverwandten. Wo auf der Welt gibt es ähnliche Pflanzen?

Die Reise führt in die zentralasiatischen Gebirge und Steppen. Hier wachsen fast 60 verschiedene Arten von *Leontopodium* – und alle haben das typische Aussehen unseres Alpen-Edelweiß. Alleine in China sind 37 Arten beschrieben worden. Sie sind von ganz unterschiedlicher Wuchshöhe. Während manche Arten nur wenige Zentimeter hoch werden, bilden andere kräftige Stängel von über einen halben Meter Höhe. So manches chinesische Edelweiß wagt sich in große Höhen des Himalayas, wo die Luft sehr dünn und die Sonne extrem intensiv ist. Die Art *Leontopodium pusillum* etwa wächst in 3.500 bis 5.600 Meter Höhe in alpinen Rasen und an felsigen Stellen. Sie heißt auf Chinesisch »ruo xiao huo rong cao« und wird so geschrieben: 弱小火草草.

Unser einheimisches Alpen-Edelweiß hingegen kommt in Asien nicht vor. Wohl aber außerhalb des Alpenbogens, wie in den Pyrenäen und den Bergen Bulgariens.

Warum wächst unser Edelweiß nur in europäischen Gebirgen und nicht in Asien, wo seine nächsten Verwandten zu Hause sind? Das ist eine lang zurückliegende Geschichte. Dass wir die symbolträchtige Alpenblume zu unserer Flora zählen können, verdanken wir den Eiszeiten. Biogeographen gehen davon aus, dass eine Art von *Leontopodium* aus Asien nach Europa einwanderte, als weite Landstriche von einer kälteangepassten Vegetation bedeckt waren. Nach Ende der Eiszeiten wurde diese Vorgänger-Art isoliert und entwickelte sich allmählich zum Alpen-Edelweiß.

Beinahe ausgerottet

Früher haben Berggänger Edelweiß zuhauf gepflückt und als Souvenir ins Tal gebracht. Mehr noch, Edelweiß wurde massenhaft gesammelt und an Touristen verkauft. So auch um 1920 an der Höfats, einem markanten Berg nahe Oberstdorf, an dessen steilen Flanken das Edelweiß wächst. Der Bestand der Alpenblume betrug Mitte der 1920er-Jahre nur noch ein Zehntel des Bestands von 1900! Angesichts der drohenden Ausrottung an der Höfats richtete die Allgäuer Bergwacht einen Zeltposten ein, der zwischen Juni und September ständig besetzt war. Die

Bergfreunde bewachten das Edelweiß und sorgten dafür, dass keiner die begehrte Pflanze sammelte. Der Posten bestand von 1935 bis 2007.

Heute ist übermäßiges Sammeln nicht das Problem. Das Edelweiß steht aber in Deutschland, Österreich und der Schweiz nach wie vor unter Schutz, weil andere Gefahren aufgekommen sind: Trittschäden durch den Massentourismus und Zerstörung geeigneter Wuchsorte durch die Errichtung von Infrastruktur. Bemerkenswert übrigens, dass das Edelweiß in Österreich bereits 1886 unter Schutz gestellt wurde. Bleibt zu hoffen, dass das edle Weiß noch lange die Alpen ziert!

Die Tropfsteinpflanze

Trauben-Steinbrech
(Saxifraga paniculata)

Bad Hindelang, im Juli. Auf dem Weg zum Sorgschrofen, einem Gipfel von 1.638 Meter Höhe, treffen wir auf Felsblöcken und im Schutt den Trauben-Steinbrech an, eine etwa 40 Zentimeter hohe Pflanze mit weißen Blüten. Die ganze Pflanze erweckt durch ihr graugrünes Aussehen den Eindruck eines Gewächses, das die besten Jahre schon lange hinter sich hat. Die Blätter sitzen alle am Grund des Stängels und formen eine nahezu halbkugelige Rosette. Die Pflanze bildet kurze Ausläufer, an deren Enden neue Rosetten heranwachsen. So stehen mehrere der Blattrosetten in Gruppen beisammen und decken den Boden mit einem Polster zu. Die Ränder der Blätter sind scharf gesägt und erscheinen weißlich. Der Trauben-Steinbrech ist eine der häufigeren Arten der Gattung *Saxifraga* und gedeiht in den Alpen bis auf 3.400 Meter Höhe. Insgesamt wachsen in Deutschland über 30 verschiedene Steinbrech-Arten, die meisten von ihnen im Alpenraum. Weltweit unterscheiden Botaniker etwa 400 Arten.

Der wissenschaftliche Name der Gattung *Saxifraga* geht auf Plinius zurück. »Quia saxa frangit«, zu Deutsch »weil er die Felsen bricht«, nannte er die Pflanzen. Eine Anspielung darauf, dass die Pflanzen in engen Felsspalten und sogar in Felsritzen wachsen.

Botaniker erkennen die Gattung leicht am Aufbau der Blüten: zwei Fruchtknoten, fünf Staubblätter – eine seltene Kombination.

Beim Trauben-Steinbrech kann das Steinebrechen durchaus wörtlich genommen werden. Das hängt mit dem Stoffwechsel der Pflanze zusammen.

Absichtliche Verkalkung

Ich erwähnte bereits die weißlichen Ränder der Blätter. Bei genauem Hinsehen entpuppen sie sich als weißliche Buchten zwischen den Zähnen der Blattränder. Mit der Lupe lassen sich die Stellen als winzige Schüppchen erkennen – ein fester Stoff, der offenbar von der Pflanze ausgeschieden wird. Die Schüppchen bestehen aus reinem Kalk, wie der klassische Test zeigt: Beim Hinzugeben von etwas Salzsäure schäumen sie auf. Die Säure reagiert mit dem Kalk, dabei entsteht Kohlendioxid, das sich bemerkbar macht. Warum gibt der Trauben-Steinbrech festen Kalk ab?

Kalk ist der Baustoff des Gesteins, auf dem er wächst. Der Trauben-Steinbrech ist also eine klassische Kalkpflanze, die einen ganz besonderen Umgang mit dem Stoff entwickelt hat. Bei den Enzianbrüdern im vorherigen Kapitel haben wir die Probleme kennengelernt, mit denen Pflanzen sich herumschlagen müssen. Zuviel Kalk im Boden ist nicht gut für Pflanzen. Der Trauben-Steinbrech hat eine eigenartige Problemlösung entwickelt. Statt dafür zu sorgen, dass gar kein Kalk in die Wurzeln gelangt, nimmt die Pflanze mit dem Bodenwasser den Kalk sehr wohl auf, scheidet ihn dann aber wieder aus.

Das erfordert eine besondere Physiologie und vor allem ein besonderes Gewebe, denn die Pflanze benötigt ein Selbstreinigungssystem, ein System zur Entkalkung. Die Physiologie der

Gebirgspflanze ist daher ziemlich bemerkenswert. Am Rande der Blätter befinden sich besondere Zellen, die das Kalziumkarbonat – die chemische Bezeichnung für Kalk – nach außen befördern. Die Pflanze entledigt sich auf diese Weise des zu viel aufgenommenen Kalks, so wie unsere Nieren Giftstoffe aus dem Blut entfernen. Da der Trauben-Steinbrech auf kalkhaltigem Untergrund lebt, kann er nicht vermeiden, dass Kalk – im Wasser gelöst – durch die Wurzeln aufgenommen und ins Innere des Pflanzenkörpers gelangt. Zu viel Kalk in den Zellen schadet aber nur. Also fischen die sogenannten Hydathoden der Pflanze, die besonderen Zellen in den Blattrandgrübchen, den Kalk heraus und befördern ihn nach außen. Dort trocknet die Kalklösung ein und übrig bleiben die weißen Flecken.

So geschieht etwas Einmaliges: Der Baustoff des Gesteins wird umgelagert, wenn auch in winzigen Mengen. Kalk fließt vom Boden oder Fels in die Blätter und wird zwischen den Zähnen des Blattrands wieder abgegeben. Durch die Tätigkeit des Steinbrechs entsteht ein kleiner Kalk-Kreislauf. Wenn die Blätter absterben und auf dem Boden zerfallen, lösen sich die Kalkschüppchen allmählich auf und der Kalk gelangt wieder in den Boden.

Nicht nur Kalk

Aktive Ausscheidung ungeliebter Stoffe ist bei Pflanzen eher selten, denn der Vorgang braucht Energie und bedarf hochgradig spezialisierter Zellen. Das Phänomen zeigt sich aber in ganz verschiedenen Familien und in ganz verschiedenen Lebensräumen. Dabei wird aber nicht nur Kalk ausgeschieden. Je nach Wuchsort und Bedarf sondern Pflanzen Kalk, Salz oder sogar nur Wasser ab. Lassen Sie uns für einen kurzen Moment ans Meer zurückkehren. Wir haben ja an der Nordsee ein paar salzertragende Pflanzen kennengelernt, dabei blieb der Strandflieder noch unerwähnt. Wegen der zahlreichen lilafarbenen Blüten wird die stattliche Pflanze auch Meerlavendel genannt. Sie ist ebenfalls ein Spezialist mit aktiver Stoffausscheidung an den Blättern. Nur wird hier Salz ausgeschieden. An den Blättern befinden sich sogenannte Absalzdrüsen, die das Natriumchlorid ausscheiden.

Es gibt aber auch Pflanzen, die unter Energieaufwand Wasser aus den Blättern drücken, wie der Gewöhnliche Frauenmantel. Botaniker nennen diesen Vorgang, bei dem ebenfalls spezialisierte Zellen am Blattrand am Werk sind, Guttation. Welchen Grund hat diese Wasserabscheidung? Wasser ist ja schließlich nicht giftig, im Gegenteil, es ist für die Pflanzen lebensnotwendig! Das hat mit dem Stofftransport in einer Pflanze zu tun. Der Wasserstrom von den Wurzeln zur Spitze muss in jedem Fall aufrechterhalten werden – er ist der Versorgungsweg der Pflanze. Nur so können die Nährstoffe, die im Bodenwasser gelöst sind und von den Wurzeln aufgenommen werden, in der Pflanze verteilt werden. Wenn es in der Frühe des Tages noch kalt und feucht ist, funktioniert die Verdunstung durch die Blattporen nicht, also wird nachgeholfen. Daher zeigen sich oft stattliche Wassertropfen am Rand der Blätter des Frauenmantels, die mit Tau gar nichts zu tun haben. Manchmal sammelt sich sogar ein riesiger Wassertropfen in der Mitte der etwas aufgewölbten Blätter, wenn die randständigen Tropfen zusammenfließen.

In den feucht-heißen Tropen betreiben viele Bäume ebenfalls aktive Wasserausscheidung, um trotz geringer Verdunstung Wasser durch die Pflanze fließen zu lassen. Wenn Blätter in eine feine Spitze auslaufen, an der es tropft, verrät dies aktive Guttation.

Bei unserem Steinbrech hat also eine schon lange vorhandene Einrichtung einen neuen Anwendungszweck gefunden und lässt an der Pflanze wie bei einem Tropfstein Kalk ablagern. Nur so kann der Trauben-Steinbrech nahezu nackten Kalkfels besiedeln.

Der Trauben-Steinbrech besiedelt Extremstandorte

Der Steinbrech ist eine Felspflanze schlechthin. Selbst in Felsritzen mit nur ganz wenig Erde vermag er sich zu etablieren und heranzuwachsen. Nun sind Felsen extreme Wuchsorte für Pflanzen. Während im Winter kalte Winde und starker Frost den Pflanzen zusetzen, stellen im Sommer hohe Temperaturen und Trockenheit eine ganz besondere Herausforderung für die Pflanzen dar. Die Blätter können sich an sonnigen Sommertagen ohne Weiteres auf 50 Grad Celsius erwärmen, was für die Pflanze einen erheblichen Stress bedeutet. Österreichische Botaniker haben herausgefunden, wie der Trauben-Steinbrech damit umgeht, und einen erstaunlichen wie einfachen Mechanismus entdeckt. Wird es zu trocken oder zu heiß, krümmen sich die äußeren Blätter einer Rosette nach innen. Das beschattet die inneren und damit jüngeren Blätter, setzt die Verdunstung um bis zu 80 Prozent herab und schützt sie so vor Verbrennungen. Mehr noch, es fließt Wasser von den älteren zu den jüngeren Blättern; im Extremfall verwelken und vertrocknen die äußeren Blätter einer Rosette zugunsten der jüngeren Blätter. Wahrhaft ein altruistisches Verhalten, eine Selbstaufopferung von Teilen für den Erhalt des Ganzen! Durch diese Strategie vermeidet der Trauben-Steinbrech dauerhafte Schäden durch Überhitzung und übermäßigen Wasserverlust.

Auch noch ein Eiszeitrelikt

Die Verbreitung des Trauben-Steinbrechs geht weit über die Alpen hinaus, denn er wächst auch im Norden Skandinaviens, auf Grönland und Island sowie in Nordamerika. In Deutschland findet man ihn außerhalb der Alpen auch in Gebieten wie der Schwäbischen Alb. Diese Vorkommen gelten als Eiszeitrelikte. Die schwäbischen Populationen sind von den anderen Populationen isoliert und man fragt sich, wie der Trauben-Steinbrech den Weg auf die Alb gefunden hat. Es sind wieder einmal die Eiszeiten, die für das heutige Verbreitungsmuster gesorgt haben. Als in den Eiszeiten Gletscher bis in die Niederungen reichten, konnten viele der heutigen Alpenpflanzen in geeigneten Lebensräumen der tieferen Lagen die Eiszeiten überdauern. Schließlich war nicht alles Land von Eis bedeckt, es gab eisfreie Zonen mit einer kälteangepassten Vegetation. Nach dem Ende der Eiszeiten brach das europäische Verbreitungsgebiet auf, sodass der Trauben-Steinbrech seither in den Alpen und in ein paar wenigen felsigen Regionen wie der Schwäbischen Alb vorkommt.

Hier droht dem Trauben-Steinbrech nun eine andere Gefahr: Felskletterer zerstören an manchen Wänden die Pflanzen. Straff gespannte Seile, Fußtritte und Halt suchende Hände haben schon manchen Trauben-Steinbrech das Leben gekostet. Es ist wieder einmal der Interessenskonflikt zwischen Naturschutz und Sport in der Natur. Ohne Kompromisse – etwa durch Sperren gewisser Felspartien – kann den schwäbischen Vertretern des Trauben-Steinbrechs wohl kaum geholfen werden. Es wäre schade, wenn die Schwäbische Alb das steinebrechende Eiszeitrelikt verlieren würde.

Zwei Brüder, die sich aus dem Weg gehen

Stängelloser Enzian
(Gentiana acaulis)
Clusius-Enzian
(Gentiana clusii)

Mittenwald, im Juli. Sie sehen zum Verwechseln ähnlich aus und beide fallen durch ihre großen, aufrecht stehenden und tiefblauen Blüten auf. Die beiden Enzian-Arten Kochs Enzian und Clusius-Enzian gehören sicher zu den schönsten Alpenblumen und sind von allen Enzianen die Ungewöhnlichsten. Beide Arten haben einen sehr kurzen Stängel, weshalb früher beide umgangssprachlich als Stängelloser Enzian bezeichnet wurden. Die großen Blüten stehen daher scheinbar direkt auf dem Boden. Die Blätter richten sich steil auf, und mit der Rinne auf der nach innen gerichteten Seite wirken sie als Wassersammler. Blütenbiologen bezeichnen die Blüten als »Große Trichterblumen«, die von Hummeln und Faltern aufgesucht werden. Wenn die Enziane nicht gerade blaue Farbtupfer in die alpine Landschaft setzen, fallen sie kaum auf. Den Clusius-Enzian kann man auch an manchen Stellen der tieferen Lagen bewundern, etwa in der Garchinger Heide bei München. Im Frühjahr taucht er die Heide in ein blaues Blütenmeer.

Die beiden Arten sind sehr nahe miteinander verwandt, unterscheiden sich aber bei genauem Hinsehen natürlich schon: Der Stängellose Enzian hat im unteren Teil der Blüten olivgrüne Flecken, die dem Clusius-Enzian fehlen. Trotz ihrer Ähnlichkeit kommen die zwei Arten kaum miteinander im selben Lebensraum vor. Es kann gut sein, dass ganz andere Wanderziele angesteuert werden müssen, um beide Enziane zu sehen. Etwas trennt die Brüder, das eher mit ihrem Verhalten und ihrer Physiologie als mit dem Aussehen zusammenhängt. Jede Art bevorzugt nämlich einen bestimmten Boden. Um das zu verstehen, muss ich ein bisschen ausschweifen und die prächtige Alpenflora für einen kurzen Moment außer Acht lassen.

In den Bergen ist vieles extremer

Gebirge bestehen bekanntlich aus Gesteinen und davon unterscheiden Geologen Dutzende von Sorten. Sie lassen sich aber grob in die beiden Gruppen Sedimentgesteine und Urgesteine einteilen. Sedimentgesteine sind etwa der so häufige Kalkstein, der ursprünglich aus Meeresablagerungen hervorging. Durch die Entstehung der Alpen wurden die Sedimentschichten gefaltet und emporgehoben, durch Erosion geformt und heute präsentieren sie sich als schroffe Felsen. Urgesteine gehen aus der Gesteinsschmelze im Innern der Erdkruste hervor. Granit und Gneis sind prominente Vertreter und Silikat ist ein Hauptbestandteil solcher Gesteine. Auch die Schichten von Urgesteinen kamen durch die Alpenauffaltung in die Höhe. Die Alpen sind aus geologischer Sicht ein kunterbuntes Durcheinander von verschiedenen Gesteinen, die oft scharf abgegrenzt nebeneinanderliegen. Die Kräfte während der Entstehung der Alpen haben die verschiedenen Gesteinsschichten verschoben, übereinander gelagert, gebrochen und gefaltet.

Nun hat das Gestein einen maßgeblichen Einfluss auf die Bodenqualität. Böden über Kalkstein sind ganz anders beschaffen als Böden über Urgestein, was eine ganze Reihe von Unterschieden der Bodenzusammensetzung und der Eigenschaften des Bodens hervorruft. Für Pflanzen, die im Boden verwurzelt sind, haben diese größte Bedeutung.

Kalkböden sind meist wasserdurchlässiger und daher trockener als Böden über Urgestein oder Silikatböden. Durch den hohen Gehalt an gelöstem Kalk reagieren solche Böden neutral bis schwach alkalisch auf eine Messung des Säuregrads. Vielleicht erinnern Sie sich noch an den Chemieunterricht und an Lackmuspapier, das sich je nach Säuregrad unterschiedlich verfärbt. Eine saure Flüssigkeit wie Essig macht den Teststreifen rot, während eine alkalische Lösung wie Seifenlauge den Papierstreifen blau verfärbt. Stickstoff wird auf Kalkböden rascher mineralisiert als auf den eher sauren Silikatböden. Abgestorbene Pflanzen und Tiere werden durch Unmengen an Kleinstlebewesen, Pilzen und Mikroben abgebaut, die dabei entstehenden Mineralsalze stehen den Pflanzen wieder zur Verfügung, so auch der Stickstoff.

Die Nährstoffaufnahme ist also auf Kalkböden meist besser. Daher werden in der Land- und Forstwirtschaft auch Kalkungen saurer Böden durchgeführt, bei denen Kalksteinmehl ausgebracht wird, um die Säuren im Boden zu neutralisieren.

Silikatböden sind naturgemäß sauer. Oft sind sie wegen des hohen Tongehalts sehr dicht und halten die Bodenfeuchtigkeit besser als Kalkböden. Nachteilig für Pflanzen kann sich der

manchmal hohe Gehalt an Aluminiumsalzen auswirken, dafür ist Eisen leichter verfügbar als auf Kalkböden.

So hat jeder Boden seine Vor- und Nachteile. Pflanzenarten werden entweder mit beiden Böden fertig oder ihr Wachstum ist auf einem der beiden Bodentypen am besten. In tieferen Lagen machen sich die Unterschiede gar nicht so stark bemerkbar, weil die Humusbildung gleichsam die Bodenchemie übertüncht.

In den Hochgebirgen zeigt sich aber eine ganz andere Situation. Pflanzliches Wachstum ist wegen des harschen Klimas erschwert, die Bodenbildung sehr langsam. Oft genug liegt dem Muttergestein eine nur geringe Humusdecke auf. Eine lange Winterzeit und tiefe Temperaturen selbst im Sommer lassen Rohhumus nur langsam entstehen. Die Böden des alpinen Bereichs oberhalb der Waldgrenze sind daher dürftig, dünn und jede Pflanze, die darin wächst, wird unmittelbar von den Gesteinseigenschaften beeinflusst. Unterschiede zwischen verschiedenen Bodentypen machen sich deshalb in den Alpen besonders bemerkbar. Wirkt ein bestimmter Boden hemmend auf das Wachstum einer bestimmten Pflanzenart, kann das schon zu ihrer Verbannung führen.

Botaniker kennen eine ganze Reihe von Pflanzenarten, die entweder kalkhaltige Böden bevorzugen oder saure Böden auf Urgestein. Sie sprechen von Zeigerpflanzen, wie die Silberdistel, die in kalkhaltigen Bergmatten wächst.

Ein biogeografisches Phänomen

Zurück zu den beiden Enzianen. Während der langen Evolution der Gattung *Gentiana* haben sich zwei Arten herausgebildet, von denen jede an einen der beiden Bodentypen angepasst ist und fortan nur noch in diesem vorkommt. Biogeografen sprechen von Vikarianz. Die kleinräumige Verteilung der Enziane – die Wohngebiete – ist räumlich getrennt, obwohl beide Arten dieselben klimatischen Verhältnisse erfahren. Wäre nicht die Bindung an einen bestimmten Boden, könnten beide Arten ein größeres Gebiet besiedeln und zusammen vorkommen.

Wer von den beiden Enzianen wächst nun wo? Der Stängellose Enzian bevorzugt kalkarme und saure Böden, während der Clusius-Enzian auf Kalkböden wächst. Die Anwesenheit einer der beiden Enziane verrät also etwas über die Chemie des Bodens. Sie sind klassische Zeigerarten, in unserem Fall ein Kalkzeiger und ein Säurezeiger. Unter den Alpinisten unserer Flora befinden sich noch etliche weitere Arten, die an einen der beiden Böden gebunden sind. Und zu den beiden Enzianen gesellen sich weitere Artenpaare, die eine Vikarianz bilden. So bevorzugt die Alpen-Troddelblume *(Soldanella alpina)* Kalk, während die Zwerg-Troddelblume *(Soldanella alpicola)* Kalk meidet. Der Geobotaniker Heinz Ellenberg (1913–1997) hat über zehn solcher Artenpaare in den Alpen erkannt.

Auch die beiden Alpenrosen-Arten zählen dazu. Alpenrose oder Almenrausch ziert unzählige Postkarten und zusammen mit Edelweiß und Enzian sind sie ein Sinnbild für Alpenromantik und Bergwelt. Botanisch ist freilich viel interessanter, dass es sich bei den Alpenrosen um die überaus artenreiche Gattung *Rhododendron* handelt, die aus unseren Gärten als Azaleen bestens bekannt sind. Die Heimat der mehrere 100 Arten umfassenden Gattung liegt hauptsächlich in den asiatischen Gebirgen. Ein paar wenige Arten wachsen in Nordamerika und zwei Arten haben sich in den Alpen entwickelt.

Auch bei ihnen liegt eine Aufteilung auf die beiden Bodentypen vor. Die Bewimperte Alpenrose *(Rhododendron hirsutum)* wächst auf Kalk, die Rostblättrige Alpenrose *(Rhododendron ferrugineum)* hingegen auf sauren kalkarmen Böden. Wer hätte gedacht, dass der berühmte Almenrausch aus zwei Schwestern besteht!

Biologen gehen davon aus, dass bei beiden Artenpaaren – den beiden Enzianen und den beiden Alpenrosen – eine Stammart in die Alpenregion eingewandert ist und sich auf beiden Bodentypen ausgebreitet hat. Die Populationen gingen dann aber eigene Wege der weiteren Anpassung und Evolution, bis sich aus dem gemeinsamen Vorfahren zwei neue Arten entwickelt haben. Das alles haben wir den Eiszeiten zu verdanken, die für viel Tumult in der Natur sorgten, viele Arten in Europa aussterben ließen, aber auch die Einwanderung neuer Arten erlaubten. Vor allem kälteangepasste Pflanzen aus den asiatischen Steppengebieten und Gebirgen und dem hohen Norden konnten in den Alpen Fuß fassen; das Erbe solcher Vorgänge sind die Alpenrose und der stängellose Enzian. Im Zuge der vorstoßenden Gletscher wanderten Pflanzen nach Mitteleuropa ein, denn es gab eisfreie Korridore mit einer Vegetation, die für solche Pflanzenarten einen geeigneten Lebensraum bot. So konnten sie sich allmählich immer weiter westwärts oder südwärts ausbreiten. Als es wärmer wurde und sich die Gletscher wieder verkleinerten, blieben sie in den Alpen hängen.

Es ist immer wieder faszinierend, wie viel die heute vorhandenen Pflanzen zu erzählen haben. Die Spuren der Vergangenheit und der Werdegang der Evolution zeigen sich in den Arten, ihrer Lebensweise und ihrer ganz besonderen Verbreitung. Das

Phänomen der Vikarianz erlaubt einen direkten Einblick in den komplexen Artbildungsprozess. Im Fall unserer Enziane wirkte der Boden als natürliche Auslese auf die Stammform und aus einer Art wurden zwei.

Nicht nur Böden

Vikarianz beobachtet man nicht nur auf unterschiedlichen Böden. Auch in der Höhenverteilung können nahe verwandte Arten getrennt vorkommen. So wächst der Scharfe Hahnenfuß *(Ranunculus acris)* in den unteren Höhenstufen, während der Berg-Hahnenfuß *(Ranunculus montanus)* höhere Lagen besiedelt. In allen Fällen von Vikarianz sind die beteiligten Arten von ähnlichem Aussehen und nahe miteinander verwandt. Wie sie über lange Zeit getrennt gehalten werden, hängt von den Ansprüchen der Arten ab. Bei unseren Enzianen ist der Fall einfach, weil der Boden vorgibt, wer wo wachsen kann.

Auch unsere nächste Pflanze schlägt sich mit Kalk herum, und dies auf eine ganz besondere Weise. Sie zeigt sich in einem ganz anderen Kleid als die Enziane.

Einsamer Extremkletterer

Gletscher-Hahnenfuß
(Ranunculus glacialis)

Oberstdorf, im August. Unsere letzte Station liegt im südlichsten Zipfel Bayerns, in den Allgäuer Alpen. Wir steigen auf einem schmalen Bergpfad auf über 2.000 Meter, verlassen die Waldgrenze und wandern am Großen Krottenkopf und der Mädelegabel vorbei, beides Berge mit über 2.600 Meter Höhe. In Geröllhalden, im Kalkschutt und zwischen Felsen steckt eine Pflanze, deren Blüten an Hahnenfuß erinnern. Sie gehört auch zur selben Gattung. Gletscher-Hahnenfuß zeigt sich als niedrige Pflanze mit kleinen spitzen Blättern und weißen bis rosafarbenen Blüten, die an kräftigen Stielen sitzen. Die Pflanze wächst in hochalpinen Gegenden und ist somit in Deutschland ausgesprochen selten, sie ist nur im südlichsten Zipfel Bayerns anzutreffen. Das natürliche Verbreitungsgebiet des Gletscher-Hahnenfuß umfasst weite Teile des Alpenbogens, da er sich erst ab etwa 2.000 Meter Höhe richtig wohlfühlt. In den Schweizer Alpen erreicht unser Gewächs geradezu schwindelerregende Höhen. Der Lebensraum der Pflanze sind nicht humusreiche Alpenmatten oder Waldböden – nein, er wächst im losen Geröll.

Eine Schuttpflanze

Im Geröll der hochalpinen Regionen wachsen nicht viele Pflanzenarten. Es ist nicht nur wegen der extremen Temperaturen ein schwieriger Wuchsort, das Geröll ist nicht stabil und Humus ist so gut wie keiner vorhanden. Geröllhalden sind im alpinen Raum allgegenwärtig und zeugen vom beständigen Wirken der Erosion. Die Berge zerbröseln langsam, aber sicher unter dem Einfluss der Witterung; gelegentlich macht sich der Vorgang in Form von Steinschlag bemerkbar.

Pflanzen, die im groben Geröll wachsen, müssen auf die unstabile Unterlage eingestellt sein, vor allem an abschüssigen Hängen. Es war Carl Schröter (1855–1939), Botanikprofessor an der Eidgenössischen Technischen Hochschule in Zürich, der das Leben der Alpenflora studierte und sich stets auch um Fragen der Anpassungen an die besonderen Lebensräume kümmerte. Seine Exkursionen waren bei den Studenten beliebt und Schröter verfasste bereits 1883 ein Buch zur Alpenflora. Schröter erkannte verschiedene technische Lösungen bei den Schuttpflanzen im Umgang mit dem Geröll und unterschied mehrere Lebensformen. Die Schuttwanderer entwickeln lange und kräftige Kriechtriebe, die sich zwischen den Steinen durchschieben und diese leicht bewurzeln. Sie gewähren ein Fortbestehen der Pflanze, selbst wenn ein Teil weggerissen wird. Die Kriechende Nelkenwurz verfolgt diese Strategie. Das violett blühende und häufige Alpen-Leinkraut hingegen ist ein Schuttüberkriecher, der sich mit schlaffen Trieben über den Schutt legt. Unser Gletscher-Hahnenfuß ist nach Schröter ein klassischer Fall eines Schuttstauers: Mit einer kräftigen Wurzel wird die Pflanze verankert. Ein dichtes Feinwurzelwerk sorgt dafür, dass der Schutt lokal stabilisiert wird und eine ruhende Insel im Steinmeer entsteht. Das wirklich Besondere an der Pflanze ist aber ihr Umgang mit eisigen Temperaturen.

Höhenrekord

Gletscher-Hahnenfuß ist eine bemerkenswerte Hochgebirgspflanze. Sie geht sehr hoch hinaus – Bergsteiger hatten das Gewächs in den Schweizer Alpen schon auf 4.200 Meter angetroffen, blühend und offensichtlich prächtig gedeihend. Tatsächlich gehört der Gletscher-Hahnenfuß zu den höchststeigenden Pflanzen der Alpen. Die Lebensbedingungen an solchen Extremstandorten sind nicht mehr vergleichbar mit denen im Talgrund. Das lokale Klima ist vollkommen anders. Es ist nicht nur die durchschnittliche Temperatur, die etwa 0,6 Grad Celsius pro 100 Meter Höhenzunahme abnimmt, je höher wir in den Bergen aufsteigen. Mit zunehmender Höhe über dem Meer ändern sich eine ganze Reihe von klimatischen Eigenschaften, die pflanzliches Wachstum stark beeinflussen. Da ist einmal die Intensität der Sonne. Bedingt durch die dünne und wasserdampfarme Luft ist die Sonnenstrahlung und insbesondere die UV-Strahlung im Hochgebirge stärker als im Tal. Während der Nacht ist dagegen die Ausstrahlung – das Abgeben von Wärme des Bodens und des Fels – höher. Das hat zur Folge, dass die Temperaturunterschiede zwischen Tag und Nacht zunehmen. Dass die Anzahl der Frosttage und Tage mit Schneebedeckung im Gebirge höher sind als im Tal, liegt auf der Hand.

Für Pflanzen bedeutet dies alles eine dramatische Verkürzung der Zeitspanne während des Jahres, in der Wachstum und Vermehrung möglich sind. Die Vegetationszeit, die von den Pflan-

zen nutzbare Produktionszeit mit genügend Wärme und Sonne, dauert hier am Wuchsort unserer Pflanze nur ein bis drei Monate, oft genug unterbrochen von Kälteeinbrüchen.

Langsamkeit gewährt Überleben

Hochgebirgspflanzen haben verschiedene Strategien gefunden, trotzdem in solch unwirtlichen Gegenden bestehen zu können. Unser Gletscher-Hahnenfuß etwa braucht für die Blütenentwicklung sehr viel Zeit. Werden zwischen den Blättern ganz dicht am Boden neue Blütenknospen angelegt, dauert es zwei bis drei Jahre, bis endlich die Blüten ihre Kronen öffnen. Was Talpflanzen während eines warmen und langen Sommers schaffen, benötigt im alpinen Bereich mehrere kurze Sommerperioden. Wenn den ganzen Sommer über die Pflanze von Schnee zugedeckt bleibt, ist an Blühen nicht zu denken. Dann konzentrieren sich die Lebensvorgänge darauf, den Organismus nicht absterben zu lassen. In den Ötztaler Alpen haben Biologen Pflanzen des Gletscher-Hahnenfuß längere Zeit beobachtet und physiologische Messungen durchgeführt. Es geschah, dass der Wuchsort 32 Monate lang von Schnee bedeckt blieb, ohne Unterbrechung.

Die Blüte, ein Brutschrank

Die Blüten sind es, die uns beim Gletscher-Hahnenfuß interessieren, da sie ein ungewöhnliches Verhalten aufweisen, das sich aber erst während des Verblühens zeigt. Die Eigenschaft hat mit dem harschen Klima zu tun.

Bei den allermeisten Pflanzenarten fallen die farbigen Blütenblätter ab, wenn die Blüte verwelkt ist und die Phase der

Samenbildung beginnt. Sie werden nicht mehr gebraucht und weggeworfen. Ihre Aufgabe bestand ja darin, während des Blühens eine farbige Fahne hochzuhalten und Insekten anzulocken, damit die Blüten bestäubt werden.

Anders der Gletscher-Hahnenfuß. Bei seinen Blüten bleiben die Blütenblätter erhalten und zwar während der gesamten Zeit der Samenreife. Sie schließen sich zu einer bauchigen Schüssel, in deren Innern die zahlreichen kleinen Samen heranreifen. Warum bleiben bei dem Gewächs die Blütenblätter so lange erhalten?

Immer, wenn Biologen solche Beobachtungen machen, eine besondere Eigenschaft eines Organismus bemerken oder ein besonderes Aussehen, denken sie sofort an eine bestimmte Funktion. Das Beibehalten der Blütenblätter kann kein reiner Zufall sein, denn in der Natur gibt es solche nicht – alles unterliegt der Darwin'schen Selektion. Es muss also eine Bedeutung haben, zumal alle anderen Arten von Hahnenfuß diese Eigenschaft nicht aufweisen. Was könnte der Sinn sein?

Zwei Wissenschaftler an der Norwegischen Universität in Oslo haben eine gewagte Hypothese aufgestellt und anhand von Experimenten überprüft. Sie behaupteten, dass die Blütenblätter des Gletscher-Hahnenfuß einen Brutschrank darstellen würden, eine kleine Kammer, in der es ein bisschen wärmer als in der Umgebung wird.

Die Idee ist keinesfalls abwegig. Das Vorhandensein von genügend Wärme entscheidet bei Hochgebirgspflanzen über Leben und Tod. Es macht einen riesigen Unterschied, ob heranreifende Samen in einer verblühten Blüte eine um ein oder zwei Grad höhere Temperatur erhalten. Alle Wachstumsvorgänge und physiologischen Aktivitäten sind schließlich temperaturabhängig, auch das Reifen der Samen. Der Wärmehaushalt bestimmt, ob sich eine Pflanze eines alpinen Extremstandorts auf die Dauer halten und vermehren kann.

Mit Experimenten dem Geheimnis auf der Spur

Daher experimentierten Takashi Ida, inzwischen ist er nach Japan zurückgekehrt, und Ørjan Totland mit der Pflanze. Die Biologen interessierte die Temperatur in den Schüsseln. Kann es sein, dass die Blütenblätter eine wärmende Jacke für die heranreifenden Samen darstellen?

Also hieß es die Pflanze aufzusuchen und mit Thermometern die Temperatur zu messen. Um zu wissen, ob die Blütenblätter eine wärmende Wirkung haben, ist es freilich notwendig, ein paar Blüten zu manipulieren und die Blütenblätter abzureißen. Trifft die Theorie zu, sollte es in den so veränderten Blüten kälter sein als in den unbehandelten Blüten. Die Forscher reisten für ihre Untersuchungen nicht in die Alpen, sondern studierten den Hahnenfuß in Norwegen auf nur 1.550 Meter Höhe. Der Gletscher-Hahnenfuß ist eine sogenannte arktisch-alpine Pflanze, was bedeutet, dass sie sowohl in den Alpen als auch im hohen Norden vorkommt, nicht aber dazwischen. Auf diesen Umstand werde ich gleich näher eingehen, verrät er doch sehr viel über die Geschichte der Pflanze.

Was die Forscher fanden, stützte ihre Theorie voll und ganz. In den nicht manipulierten verblühten Blüten war es deutlich wärmer als in den entblößten Blüten. Die Forscher ermittelten eine um 2,8 Grad Celsius höhere Temperatur bei sonnigem Wetter und etwa ein halbes Grad mehr bei bewölktem Himmel.

Die Temperaturunterschiede erscheinen nicht groß, doch kann dies für heranwachsende Samen in der Schneestufe eines Gebirges sehr viel bedeuten.

Eine Pflanze mit doppelter Heimat

Somit ist der Gletscher-Hahnenfuß eine bemerkenswerte Gebirgspflanze, die darauf eingestellt ist, in großen Höhen zu gedeihen. Die Pflanze zeichnet sich auch durch eine spannende Geografie aus. Sie wächst außer in den Alpen auch in Skandinavien und gesellt sich zu einer Reihe anderer Pflanzenarten, die ein solches Verbreitungsmuster aufweisen. Tatsächlich begegnen einem Besucher nördlich des Polarkreises vertraute Gewächse unserer Alpen wie Silberwurz, verschiedene Steinbrech-Arten und eben auch unsere Pflanze aus den Bayerischen Alpen. Das Vorkommen solcher Arten in zwei weit voneinander getrennten Gebieten ist auf die Eiszeiten zurückzuführen. Als die Gletscher sich von Norden nach Süden ausdehnten und die Alpengletscher ins Tal wuchsen, überdauerten viele Gebirgspflanzen in den paar wenigen eisfrei gebliebenen Stellen – Bergspitzen, geschützte Felswände und andere klimatisch begünstigte Wuchsorte. Wurde das Klima wieder wärmer und zogen sich die Gletscher zurück, folgten ihnen manche Arten bis nach Skandinavien, weil sie im Vorfeld der Gletscher stets ähnliche klimatische Verhältnisse vorfanden wie in den Alpen. Heute leben diese Pflanzen daher in zwei heimatlichen Gefilden: im Alpenraum und weit weg im hohen Norden.

Allgemeine Literatur

Cook, C. D. K. (1990): Aquatic Plant Book. SPB Academic Publishing, The Hague.

Düll, R.; Kutzelnigg, H. (2005): Taschenlexikon der Pflanzen Deutschlands. Quelle & Meyer, Wiebelsheim.

Kowarik, I. (2010): Biologische Invasionen. Neophyten und Neozoen in Mitteleuropa. Ulmer, Stuttgart.

Philbrick, C. T.; Les D. H. (1996): Evolution of aquatic angiosperm reproductive systems. BioScience 46, 813–826.

Schmidt, L. (2010): Das Naturbuch für Neugierige. Rowohlt, Berlin.

Stebbins, G. L. (1974): Flowering Plants: Evolution above the Species Level. Harvard University Press, Cambridge, USA.

Storl, W.-D. (2012): Wandernde Pflanzen. Neophyten, die stillen Eroberer. Ethnobotanik, Heilkunde und Anwendungen. AT Verlag, Aarau.

Weber, E. (2015): Der Fisch, der lieber eine Alge wäre. Das erstaunliche Zusammenleben von Tieren und Pflanzen. C. H. Beck, München.

Fachliteratur zu den einzelnen Arten

Antonsson, H.; Björk, R. G.; Molau, U. (2009): Nurse plant effect of the cushion plant *Silene acaulis* (L.) Jacq. in an alpine environment in the sub-arctic Scandes, Sweden. Plant Ecology 6 Diversity 2, 17–25.

Armstrong, J.; Armstrong, W.; van der Putten, W. H. (1996): *Phragmites* die-back: bud and root death, blockages within the aeration and vascular systems and the possible role of phytotoxins. The New Phytologist 133, 399–414.

Ayres C.; Calviño-Cancela, M.; Cordero-Rivera A. (2010): Water lilies, *Nymphaea alba*, in the summer diet of *Emys orbicularis* in northwestern Spain: use of emergent resources. Chelonian Conservation and Biology 9, 128–131.

Baker, D. V.; Beck, K. G.; Bienkiewicz, B. J.; Bjostad, L. B. (2008): Forces necessary to initiate dispersal for three tumbleweeds. Invasive Plant Science and Management 1, 59–65.

Ballard, H. E.; Iltis, H. H. (2012): *Viola lilliputana* sp. nov. (Viola sect. *Andinium*, Violaceae), one of the world's smallest violets, from the Andes of Peru. Brittonia 64, 353–358.

Barrett, S. C. H.; Hough, J. (2013): Sexual dimorphism in flowering plants. Journal of Experimental Botany 64, 67–82.

Bayerische Landesanstalt für Wald- und Forstwirtschaft (2008): Beiträge zur Walnuss. LWF Wissen 60. Bayerische Landesanstalt für Wald- und Forstwirtschaft, Freising. URL: http://www.lwf.bayern.de/wissenstransfer/forstliche-informationsarbeit/019611/index.php

Beckie, H. J.; Francis, A. (2009): The biology of Canadian weeds. 65. *Salsola tragus* L. (updated), Canadian Journal of Plant Sciences 89, 775–789.

Berch, S. M.; Massicotte, H. B.; Tackaberry, L. E. (2005): Re-publication of a translation of ›The vegetative organs of *Monotropa hypopitys* L.‹ published by F. Kamienski in 1882, with an update on *Monotropa* mycorrhizas. Mycorrhiza 15, 323–332.

Bidartondo, M. I. (2005): The evolutionary ecology of myco-heterotrophy. New Phytologist 167, 335–352.

Björkman, E. (1960): *Monotropa Hypopitys L.* – an Epiparasite on Tree Roots. Physiologia Plantarum 13, 308–327.

Bolender, E.; Steinhauser, A.; Lott, G. (2015): Erfolgskontrolle zur Wiederansiedlung der Wassernuss (Trapa natans) im Raum Wittenberg 1995 bis 1999. Naturschutz im Land Sachsen-Anhalt 52, 63–72.

Bruun, H. H. (2005): Biological flora of the British Isles. *Rosa rugosa* Thunb. ex Murray. Journal of Ecology 93, 441–470.

Calviño-Cancela, M.; Ayres-Fernández, C.; Cordero-Rivera, A. (2007): European pond turtles *(Emys orbicularis)* as alternative dispersers of ›water-dispersed‹ waterlily *(Nymphaea alba)*. Écoscience 14, 529–534.

Cook, C. D. K. (1969): On the determination of leaf form in *Ranunculus aquatilis*. New Phytologist 68, 469–480.

Davy, A. J.; Bishop, G. F.; Costa, C. S. B. (2001): Biological Flora of the British Isles. *Salicornia* L. (*Salicornia pusilla* J. Woods, S. *ramosissima* J. Woods, S. *europaea* L., S. *obscura* P.W. Ball & Tutin, S. *nitens* P. W. Ball & Tutin, S. *fragilis* P.W. Ball & Tutin and S. *dolichostachya* Moss). Journal of Ecology 89, 681–707.

de Lamarck, J.-B. (1873): Zoologische Philosophie nebst einer biographischen Einleitung von Charles Martins. Aus dem Französischen übersetzt von Arnold Lang. Ambrosius Abel, Leipzig 1873.

Den Hartog, C.; Kvet, J.; Sukopp, H. (1989): Reed. A common species in decline. Aquatic Botany, 35, 1–4.

Erhardt, A. (1993): Pollination of the edelweiss, *Leontopodium alpinum*. Botanical Journal of the Linnean Society 111, 229–240.

Firbank, L. G. (1988): Biological flora of the British Isles. *Agrostemma githago* L. Journal of Ecology 76, 1232–1246.

Fleisher, A.; Fleisher, Z. (2004): Study of *Dictamnus gymnostylis* volatiles and plausible explanation of the »burning bush« phenomenon. Journal of Essential Oil Research 16, 1–3.

Hetzel, I.; Loos, G. H. (2010): Der Walnussbaum *(Juglans regia)* erobert Westfalen – ein römischer Einwanderer 2000 Jahre nach der Varusschlacht. Westfalen Regional. URL: https://www.lwl.org/LWL/Kultur/Westfalen_Regional/Naturraum/Walnussbaum

Holsten, B.; Schoenberg, W.; Jensen, K. (2011): Schutz und Entwicklung aquatischer Schilfröhrichte. Ein Leitfaden für die Praxis. Landesamt für

Landwirtschaft, Umwelt und ländliche Räume des Landes Schleswig-Holstein (LLUR), Flintbek.

Huiskes, A. H. L. (1979): Biological Flora of the British Isles. *Ammophila arenaria* (L.) Link [*Psamma arenaria* (L.) Roem. et Schult.; *Calamagrostis arenaria* (L.) Roth]. Journal of Ecology 67, 363–382.

Ida, T. Y.; Totland, Ø. (2014): Heating effect by perianth retention on developing achenes and implications for seed production in the alpine herb *Ranunculus glacialis*. Alpine Botany 124, 37–47.

Isermann, M. (2008): Expansion of *Rosa rugosa and Hippophaë rhamnoides* in coastal grey dunes: effects at different spatial scales. Flora 203, 273–280.

Isermann, M.; Rooney, P. (2014): Biological flora of the British Isles. *Eryngium maritimum*. Journal of Ecology 102, 789–821.

Keller, R.; Vittoz, P. (2015): Clonal growth and demography of a hemicryptophyte alpine plant: *Leontopodium alpinum* cassini. Alpine Botany 125, 31–40.

Kubeczka, K. H.; Koch, V.; Ney, E. M. (1990): Das Geheimnis des brennenden Busches. Das ätherische Öl von *Dictamnus albus* und seine Akkumulationsstrukturen. Deutsche Apotheker Zeitung 130, 2181–2185.

Kumar, A.; Solanki, G. S. (2004): A rare feeding observation on water lilies *(Nymphaea alba)* by the capped langur *(Trachypithecus pileatus)*. Folia Primatologia 75, 157–159.

Larcher, W.; Kainmüller, C.; Wagner, J. (2010): Survival types of high mountain plants under extreme temperatures. Flora 205, 3–18.

Leake, J. R. (1994): The biology of myco-heterotrophic (›saprophytic‹) plants. New Phytologist 127, 171–216.

Loacker, K.; Kofler, W.; Pagitz, K.; Oberhuber, W. (2007): Spread of walnut (*Juglans regia* L.) in an Alpine valley is correlated with climate warming. Flora 202, 70–78.

Meyer, T.; Nehring, S. (2006): Anpflanzung von Seegraswiesen (*Zostera marina* L.) als interne Maßnahme zur Restaurierung der Ostsee. Rostocker Meeresbiologische Beiträge 15, 105–119.

Molenda, O.; Reid, A.; Lortie, C. J. (2012): The alpine cushion plant *Silene acaulis* as foundation species: a bug's-eye view to facilitation and microclimate. PLoS ONE 7: e37223. doi:10.1371/journal.pone.0037223

Molenkamp, M. (2015): Lebensraum Seegraswiese. Biologie in unserer Zeit 45, 107–112.

Neobiota (2017): Gebietsfremde und invasive Arten in Deutschland. *Rosa rugosa.* URL: http://neobiota.bfn.de/12626.html

Neuner, G.; Braun, V.; Buchner, O.; Taschler, D. (1999): Leaf rosette closure in the alpine rock species *Saxifraga paniculata* Mill.: significance for survival of drought and heat under high irradiation. Plant, Cell and Environment 22, 1539–1548.

Ostendorp, W.; Iseli, C.; Krau, M.; Krumscheid-Plankert, P.; Moret, J. L.; Rollier, M.; Schanz, F. (1995): Lake shore deterioration, reed management and bank restoration in some Central European lakes. Ecological Engineering 5, 51–75.

Packer, J. G.; Meyerson, L. A.; Skálová, H.; Pysek, P.; Kueffer, C. (2017): Biological Flora of the British Isles. *Phragmites australis.* Journal of Ecology 105, 1123–1162.

Paillisson, J. M.; Marion, L. (2001): Interaction between coot *(Fulica atra)* and waterlily *(Nymphaea alba)* in a lake: the indirect impact of foraging. Aquatic Botany 71, 209–216.

Petriccione, M.; Aliotta, G. (2006): Ethnobotany and allelopathy of the Persian walnut (*Juglans regia* L.). Acta Horticulturae 705, 297–300.

Piśkiewicz, A. M.; Duyts, H.; van der Putten, W. H. (2009): Soil microorganisms in coastal foredunes control the ectoparasitic root-feeding nematode *Tylenchorhynchus ventralis* by local interactions. Functional Ecology 23, 621–626.

Prankerd, T. L. (1911): On the structure and biology of the genus *Hottonia.* Annals of Botany 25, 253–268.

Reisch, C. (2008): Glacial history of *Saxifraga paniculata* (Saxifragaceae): molecular biogeography of a disjunct arctic-alpine species from Europe and North America. Biological Journal of the Linnean Society 93, 385–398.

Renner, S. S.; Ricklefs, R. E. (1995): Dioecy and its correlates in the flowering plants. American Journal of Botany 82, 596–606.

Rietveld, E. J.; Schlesinger, R. C.; Kessler, K. J. (1983): Allelopathic effects of black walnut on European black alder coplanted as a nurse species. Journal of Chemical Ecology 9, 1119–1132.

Romero, G. A.; Nelson, C. E. (1986): Sexual dimorphism in *Catasetum* orchids: forcible pollen emplacement and male flower competition. Science 232, 1538–1540.

Schäffler, I.; Balao, F.; Dötterl, S. (2012): Floral and vegetative cues in oil-secreting and non-oil-secreting *Lysimachia* species. Annals of Botany x, 1–12.

Totland, Ø.; Alatalo, J. M. (2002): Effects of temperature and date of snowmelt on growth, reproduction, and flowering phenology in the arctic/alpine herb, *Ranunculus glacialis*. Oecologia 133, 168–175.

Tulipani, D. C.; Lipcius, R. N. (2014): Evidence of eelgrass *(Zostera marina)* seed dispersal by northern diamondback terrapin *(Malaclemys terrapin terrapin)* in lower Chesapeak Bay. PLOS One 9, e103346

van der Putten, W. H. (1997): Die-back of Phragmites australis in European wetlands: an overview of the European Research Programme on Reed Die-Back and Progression (1993–1994). Aquatic Botany 59, 263–275.

Vigneron, J. P.; Rassart, M.; Vértesy, Z.; Kertesz, K.; Sarrazin, M.; Biró, L. P.; Ertz, D.; Lousse, V. (2007): Optical structure and function of the white filamentary hair covering the edelweiss bracts. arXiv:0710.2695 [physics.optics]. URL: https://arxiv.org/abs/0710.2695

Wagner, J.; Steinacher, G.; Ladinig, U. (2010): *Ranunculus glacialis* L. L successful reproduction at the altitudinal limits of higher plant life. Protoplasma 243, 117–128.

Weidema, I. (2006): NOBANIS – Invasive Alien Species Fact Sheet. *Rosa rugosa*. Online Database of the European Network on Invasive Alien Species – NOBANIS. URL: http://www.nobanis.org

Wezel, A. (2007): Changes between 1927 and 2004 and effect of rock climbing on occurrence of *Saxifraga paniculata* and *Draba aizoides*, two glacial relicts on limestone cliffs of the Swabian Jura, southern Germany. Journal for Nature Conservation 15, 84–93.

Wiersema, J. H. (1988): Reproductive biology of Nymphaea (Nymphaeaceae). Annals of the Missouri Botanical Gardens 75, 795–804.

Willis, R. J. (2007): The History of Allelopathy. Springer, Dordrecht.

Zhou, Y.; Liu, P.; Liu, B.; Liu, X.; Zhang, X.; Wang, F. (2014): Restoring eelgrass (*Zostra marina* L.) habitats using a simple and effective transplanting technique. PLOS One 9, e92982.

Artenregister

Arten, die im Buch abgebildet sind, sind farbig markiert.